目录

化的标准之一。“蚧帨”正是民用与官用的结合体，在时间跨度上具有传承延续性，体现相异民族文化间的兼容与统一。“蚧帨”应用在百姓和皇家生活反映不同的造物美学，是中国人百年来生活状况、思想意识、审美取向的影射，传承物以载道，造物为人，物我和谐，天人合一的设计思想。

传统佩饰的研究仅刚刚开始，本书以明清佩饰“蚧帨”研究为研究开端，为读者描绘出其全貌，传播传统佩饰文化。正如习总书记所说：“中华优秀传统文化是中华民族的‘根’和‘魂’，是我们必须世代传承的文化根脉、文化基因，植根在中国人内心，潜移默化影响着中国人的思想方式和行为方式。讲清楚中华文化积淀着中华民族最深沉的精神追求，是中华民族生生不息、发展壮大的丰厚滋养；讲清楚中华优秀传统文化是中华民族的突出优势，是我们最深厚的文化软实力。”探寻服饰遗产深厚的文化内涵与社会价值，全面构建传统服饰文化知识和价值体系，从而促进传统服饰文化的再生与繁荣！

梁惠娥

2019年3月

第一章

芳菲流年：『愉悦』的渊源

中国佩饰发展历程可谓源远流长，几乎与人类文明演变同步，自旧石器时代末期人类已经有了佩戴饰物的审美意识。“帉帨”作为佩饰的一种来源于腰饰，后随居住环境和生活习惯的不同，也揣于袖内或挂在胸前。但谈到“帉帨”的历史溯源，则不得不谈到腰饰的发展。

第一节 腰饰的历史溯源

腰带出现于兽皮衣时代，《后汉书·舆服志》记载：“上古衣毛而冒皮。”早期人类以兽皮作为主要服饰面料，用动物皮条或韧带扎系服装，服装难谈适体性。为了抵御严寒和遮羞，远古人将整块的兽皮用口咬嚼的方法借助唾液浸润酶化，再用石头棱角和锐利的骨角切割，披在身体上或掩盖于下体，用枝蔓藤条作为绳索系缚在腰间[1]。这种围绕在腹部和掩盖下体的做法，一则保护腹部免受病害，二则与人类赖以生存的生理形态有关，由此产生早期腰带的雏形。

人类与自然界相处过程中，不断提高自己动手能力，以满足多样需求。随着纺轮的出现，人类不仅用兽皮，还进一步将韧性纤维搓捻成线，为生存与狩猎需要编织绳索，腰间也随之使用柔软便于系缚的绳索。真正服装产生

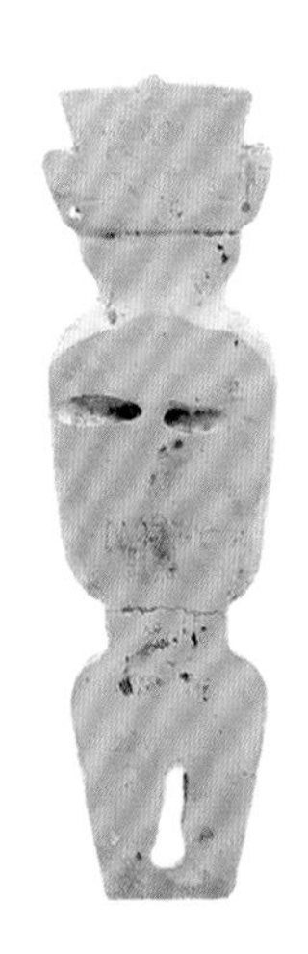
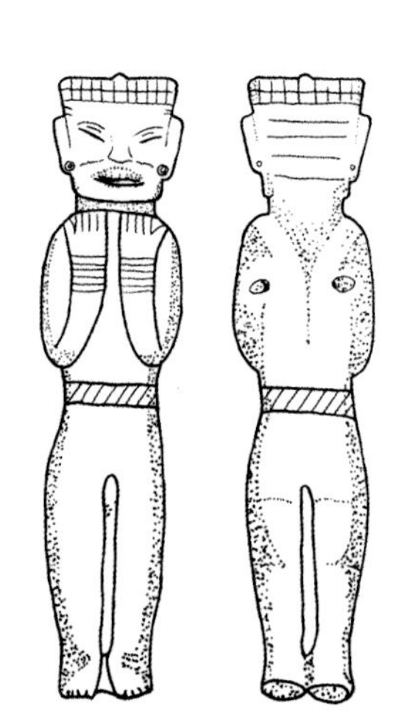

图1–1 戴冠玉雕立人，安徽凌家滩出土（故宫博物院藏）

可追溯到纺线，治丝麻为布帛，由整块的织物中间挖洞用以套头，两边敞开腰中束带，以使衣服不至于开散。随着衣服结构不断完善，衣襟和下裳分别缀细带系缚在腰部，束在服装外部的腰带看似不再重要，但实际生活中，腰带系结在人体中部，居于视觉中心，不易被忽略，有着极强的视觉效果[2]。新石器时代以来遗留下的形象资料证明此时人们的腰部系有腰带（图1-1）。

从各类彩陶器皿和岩石壁画来看，衣物皆为及膝长袍、长衫，腰部收紧的样式（图1-2~图1-4）。从装饰品来看，以五彩砾石、鱼骨、动物牙齿钻孔装饰居多，用皮条串配于服装。青年男子将其佩戴于身作为狩猎的纪念品，还兼具勤劳、勇敢与胜利的象征，是劳动与创造的审美情感映射[3]。

早期的腰带有革带和丝带两种，多用皮革、丝织物制成装饰金玉、犀角之属。丝带又称为大带。《春秋左传·桓公二年》杨伯峻注："大带宽四寸，以丝为之，用以束腰。大带之制：天子素（生帛）带，以大红色为里，全带两侧饰以缯彩。诸侯亦素带，但无朱里，亦以缯彩饰全带无侧。大夫素带，唯下垂部分饰以缯彩。士练（已煮漂之熟帛）带，密缉带之两边，唯其末饰以缯彩[4]。"革带又称"鞶带"，《孔颖达疏》载："以带束腰，垂其馀以为饰，谓之绅，上带为革带[5]"。革带挂佩饰

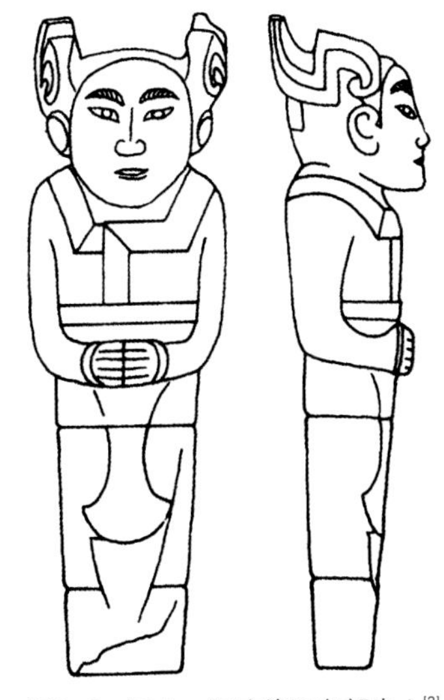

图1-2　玉人，河南洛阳东郊出土[2]

图1-3　青铜跪坐人像，四川汉广三星堆出土[2]

图1-4　西周墓铜车辖上人物形象[2]

用，束于大带内。革带以系佩韨，最初中原人用来悬挂玉饰，附若干小环便于悬挂，后在革带上镶嵌饰物。革带也是胡人常用之物，悬挂生活实用品，因为生活长期居无定所，需将随身物悬挂在革带上，又称“蹀躞带”。进入阶级社会后形制有了变化，与其他服饰品类一样打上了阶级的烙印，装饰金、贝、铜等材质，与身份地位息息相关。

第二节“帉帨”命名与界定

“帉帨”虽来源于腰间杂佩，但在传统服饰中起到的实用与装饰作用不容小觑。其历史悠久，在不同朝代名称各异，其装饰品种类多样，不同时期百姓随生活习惯不同、视主体物不同名称也不尽相同。因此，下文以历史资料为起点，对“帉帨”命名和界定。

一、“帉帨”命名

“帉帨”在中国历史上延绵使用上千年，首先应厘清“帉”与“帨”分别指代什么？佩“帉”亦作佩“纷”，即指随身所佩巾帕，名义上备以拭器，实际上用作装饰。《后汉书·舆服志下》：“冠服之美，佩帉玺玉”。《隋书·礼仪志六》：“（诸王）服朝服则佩绶，服公服则佩纷，官有绶者则有纷，皆长八尺，广三寸，各随绶色。（王公以下）其绶者则有纷[6]”。可见早有佩“帉”的习惯。

中原地区最早可考证“帨”记载在《诗经》《礼记》等古籍中，《毛传》记载：“帨，佩巾也”，古代女子外出系在腰左侧的拭巾。古时也有女子出生在门口“设帨”的礼仪，《礼记·内则》：“子生，男子设弧於门左，女子设帨於门右。”郑玄注：“帨，事人之佩巾也。”它体现了古代女子在家中的地位与分工，一个家庭人丁繁衍与延续是女子最重要的职责。《仪礼·士昏礼》：“母施衿结帨。”女子出嫁那天，母亲为其佩戴帨，表示系属与人，即出嫁从夫。男女两性分工差异与传统服饰尊卑形成，女性从属附属地位也得到确定。《释名·释衣服》：“佩……有珠、有玉、有容刀、有帨巾[6]。”研究周代妇女地位的首要历史资料《礼记·内则》中记载：“左佩纷帨。注：纷帨，拭物之佩巾也。今齐人言纷者。纷以拭物，帨以拭手。纷亦做帉。”，此时女子佩戴“纷帨”。

北魏以来，“帉帨”在汉族官吏中广泛使用，赵武灵王推行“胡服骑射”，认为既可“厚其国”又可“利其民”，使北方胡服中的冠饰、带饰、鞋履与汉民族服饰更紧密地结合在一起，逐渐融汇为汉民族服饰文化的一部分[7]。唐代根据官品不同，佩戴不同的蹀躞七事。《新唐书·舆服志》：“勋官之服，随其品而加佩刀、砺、纷、帨[8]。”一品以下佩戴算袋、佩刀、砺石、纷帨等，武官五品以上佩有佩刀、刀子、砺石、契苾真、哕厥、针筒、火石七件。此时“纷帨”是取吉祥寓意佩戴的鱼袋，内盛帨巾。《文献统考·王礼七》：“纷长六尺四寸，广四寸，色如其绶[6]”。张鷟《朝野佥载》记载：“上元年中，令九品以上佩刀砺算袋彩帨为鱼形，结帛作之，取鱼之像，强之兆也”。“彩帨”即是鱼袋，虽与清代时期“彩帨”名称相同，却是完全不同的两种佩饰。受到胡服影响，唐人纷纷效仿胡装，佩戴蹀躞七事。此时的胡装与汉民族服饰并行不悖，孙机先生曾言“唐代服饰融合既非纯然胡风，更非复古，而是在融合中创造出的新形式[9]”。唐代后期出现“帉帨”与卫生小工具耳挖、剔牙拴襻单独使用，已脱离蹀躞带。宋代苏轼《沉香山子赋》写道：“幸置此於几席，养幽芳於帨帉，无一往之发烈，有无穷之氤氲。”“帨帉”为拭物的巾帕。

“帉帨”这两个字准确出现是在宋代沈括《梦溪笔谈》中“带衣所垂蹀躞，盖欲佩戴弓剑、帉帨、算囊、刀砺之类[10]”。此中“帉帨”，即指挂在腰间的长巾。如莫高窟壁画中西夏王服饰所示（图1–5），北方游牧民族大多居无定所，生活中的物品都要随身携带，大型器物栓在马上，而小型器物如刀、剑、针筒等与“帉帨”搭配使用，悬挂在革带上。此时“帉帨”不分男女均可以佩戴，而后演变成为日常生活小物件组合，与耳挖、剔牙、镊子等与“帉帨”搭配，统称为“事件”，根据件数不同，常见的是“三事儿”和“七事儿”。元代《新编居家必用事类全集》中记载的玉五事也正是此类物件。元代，蒙古人统治中原，他们日常佩戴的蹀躞带上，“帉帨”已成为必备物件。由于元代不强求汉族改朝易服，汉族百姓仍以佩戴“三

图1–5　西夏王，莫高窟第409窟

事儿”居多。

明朝时期，“事件”是民间男女日常佩戴饰物之一。女性根据佩戴位置的不同，可分为“坠领”和“坠胸”。明代小说中多以民间俗话统称为“汗巾儿”或“手巾”。内廷近侍所佩之带也称为“抹布”。明代内阁首辅严嵩被抄家后，将其家产列成册《天水冰山录附录》，共计坠领、坠胸事件62件，金凤牡丹七事一挂、金素七事一挂、金厢宝玉七事一挂、金厢宝玉四事一挂等[11]。明西周生《醒世姻缘传》第五十回：“狄希陈仍到前边坐下，取下簪髻的一只玉簪并袖中一个白湖绸汗巾，一副金三事儿挑牙，都用汗巾包了，也得空撩与孙兰姬怀内。狄希陈在袖中捏那孙兰姬撩来的物件，里面又有软的，又有硬的，猜不着是什么东西；回到下处背静处所，取出来看，外边是一个月白绉纱汗巾，拴着一副金三事儿挑牙[12]。”这里描述的即是一副“帉帨”。

清代满族统治中原，上至宫廷下至民间，“帉帨”既是统治阶级权力与地位的象征（图1-6），又是日常生活的一部分，蕴含着丰富文化内涵，也映射了清朝政权下服饰空前的复杂性。清代统治阶级腰带上必佩“帉”，皇室宗亲和官员根据仪式场合的不同，将腰带分为“朝带”“吉服带”“行带”“黄带”“红带”；官员佩“帉”，亦称“忠孝带”“忠孝帕”“素巾”“风带”；命妇佩戴称为“彩帨”（也作“采帨”）；民间多以“多宝串”称呼或统称为“手巾”“汗巾”。

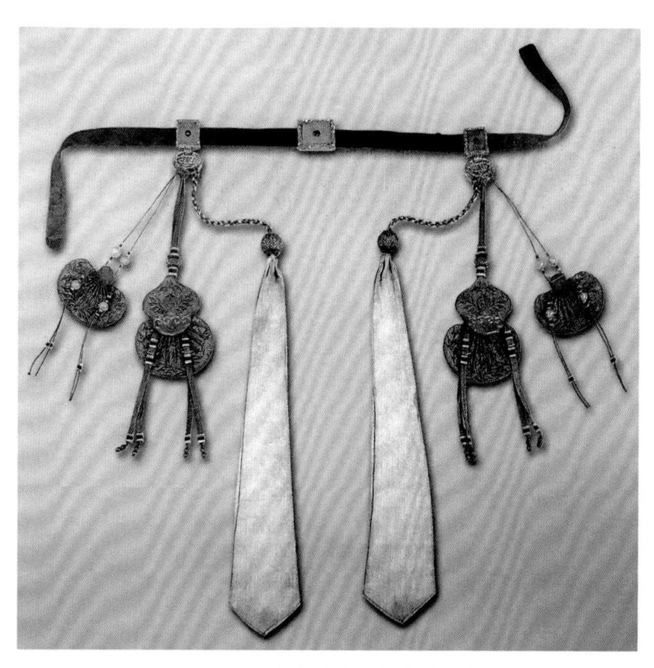

图1-6　朝带（大英博物馆藏）

总结各时期名称（表1-1），不同时期名称各异故借鉴考古学器物组合概念和文物定名方法定义“帉帨”名称。即“同一时期存在的器物，按照一定功能集成规律组合成一套用具，可以用来分析考古器物群，不同的器物组合反映人们不同的目的、不同的场合、不同时代甚至是不同族群的行为，用来判断社会等级、功能区域、时代分期、族群差别[13]。”依此考古学文物定名的方法一般有四种：一是文物上记录有自己名称的，可以直接按照名称命名；二是根据历史史料记载约定的名称，使用大家公认并有延续性的名称；三是对于历史典籍中记录文物的名称是否有继续使用，结合文物综合考证，如果其中有错误可以重新命名；四是对没有名称也没有史料记载的则以文物特点、用途为依据，给予新名称[13]。

表1-1 部分朝代及相关“帉帨”命名（中原地区）

朝代	皇家	官	民
周	—	—	帨（女性）、佩巾
北魏	纷帨	纷帨	蹀躞带帉（男性） 帨（女性）
唐宋	帉帨	帉帨	事件
元	帉帨	帉帨	事件
明	—	抹布（内侍官）三事儿、七事儿	事件、汗巾、手巾、坠领（女性）、坠胸（女性）
清	佩帉（男性）、朝带、吉服带、行带、黄带、红带、彩帨（女性）、采帨（女性）	佩帉（男性）、朝带、吉服带、行带、忠孝带、忠孝帕、素巾、风带	多宝串、佩帨（女性）、佩巾（女性）、手巾、汗巾

结合明清“帉帨”实际情况（图1-7），在历代著录中以“帉”（包含通假字“纷”）“帨”这两个字运用较多，“帉”一般指代男性佩巾，“帨”指代女性，所以在此合称“帉帨”，为接下来的研究提供便利。研究“帉帨”不能简单地认为是手巾，需要区分人们日常单独使用的手巾。在此将装饰镊子、挖耳、挑牙、针管、剪刀、鼻烟壶等小物件系挂的佩巾统称为“帉帨”。

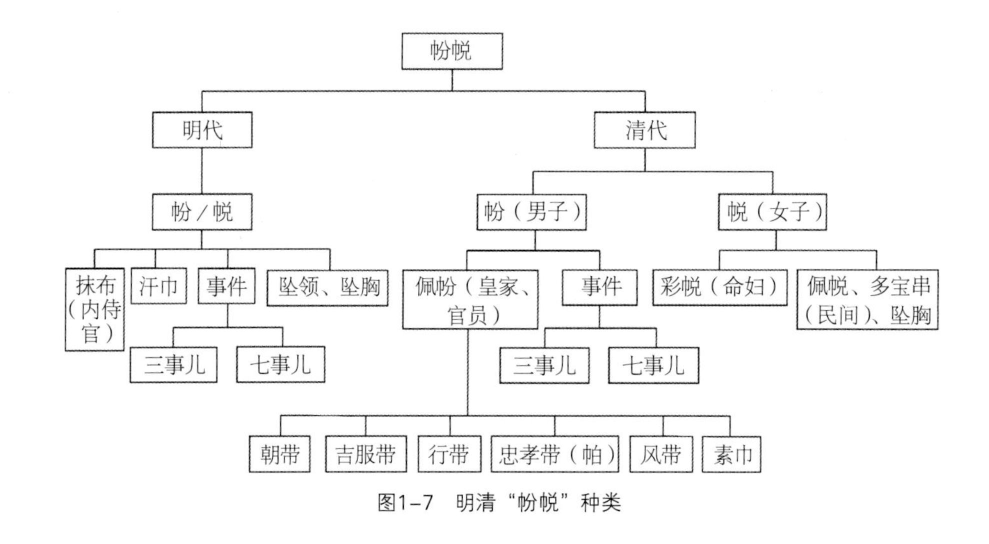

图1-7　明清“帉帨”种类

二、“帉帨”界定

从“帉帨”的形制发展来看，以实用汗巾和佩戴清洁、装饰品为主，挂在衣服纽扣或者腰带上，实用性是其发展形成的主要原因。早期“帉帨”较普通的手巾宽大，面料粗糙，做擦拭器物用；后逐渐开始搭配卫生小物件或用珠玉杂宝塑造日常工具之外形，用于常服或礼仪服饰。但是女性佩戴的“帉帨”常与“禁步”混为一谈，其中“禁步”是一种组玉佩（图1-8）。研究学者扬之水先生认为明代“事件”分为两类，一类为卫生工具，另一类为“禁步”，作为装饰之用。笔者考证“帉帨”与“禁步”的不同，两者概念混淆问题集中在明代时期“事件”的命名上，民间对事物的描述多生活口语化，凡是玎珰连珠穿串使用的装饰品都习惯称为“事件”，再加上有时会出现将两种装饰放在一起的情况（图1-9），便更容易混淆。

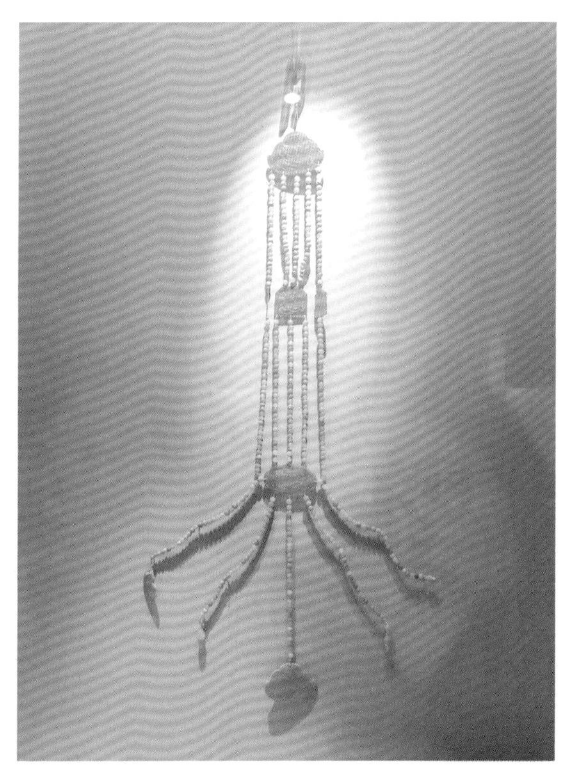

图1-8　禁步，梁庄王墓出土（笔者拍摄）

例如《金瓶梅词话》中第五十九回："向袖中取出白绫两栏子汗巾儿，上头拴着三事儿挑牙儿，一头束着金穿心盒儿。又掏出个紫绉纱汗巾儿，上拴着一副拣金挑牙儿，拿在手里观看，甚是可爱[14]。"此处描绘的是"盼帨"。第九十一回："孟玉楼戴着金梁冠儿，插着满头珠翠，胡珠子，身着大红通袖袍，系金玛瑙带，玎珰七事，下着柳黄百花裙[14]"。此处描绘的是佩戴玉禁步，但在民间生活中两种都称为"事件"，所谓"禁步"是由珩、珰、琚、璜、冲牙、玉鱼、坠鱼和玉滴等十二块玉编成，最常见到的是玉制禁步，是上层社会用来限制女性走路的仪态而使用的一种装饰品，别具音律之美。

图1-9　明代仇实父画线描稿（四川博物院藏）

[1] 周锡保. 中国古代服饰史[M]. 北京：中国戏剧出版社，1984.

[2] 吴爱琴. 先秦服饰制度形成研究[M]. 北京：科学出版社，2015.

[3] 沈从文. 中国古代服饰研究[M]. 北京：商务印书馆，2011.

[4] 杨伯峻. 春秋左传注[M]. 北京：中华书局，1981.

[5] 关秀娇. 上古汉语服饰词汇研究[D]. 长春：东北师范大学，2016.

[6] 周汛，高春明. 中国衣冠服饰大辞典[M]. 上海：上海辞书出版社，1996.

[7] 孙彦贞. 清代女性服饰文化研究[M]. 上海：上海古籍出版社，2008.

[8] 华梅. 中国历代《舆服志》研究[M]. 北京：商务印书馆，2015.

[9] 孙机. 中国古舆服论丛（增订本）[M]. 北京：文物出版社，2001.

[10] 沈括. 梦溪笔谈[M]. 北京：中华书局，2018.

[11] 佚名. 天水冰山录附录（一）[M]. 北京：中华书局，1985.

[12] 西周生. 醒世姻缘传 [M]. 长沙：岳麓书社出版社，2014.

[13] 王巍. 中国考古学大辞典[M]. 上海：上海辞书出版社，2014.

[14] 兰陵笑笑生. 金瓶梅：插图珍藏版（叁）[M]. 北京：作家出版社，2010.

第二章

简约精致：明代『帉帨』

在历经漫长的社会变革和元朝蒙古族统治，明朝上采周汉、下取唐宋，恢复汉族服饰文化传统，是汉族服饰发展的集大成时期。明末清初学者顾炎武曾摘录《歙县志》赞誉明初："诈伪未萌，奸争未起，纷华未染，靡汰未臻[1]。"然而明中期后城市经济恢复，商业繁盛，街市上行人川流不息，庙会、茶馆、酒肆热闹非凡，文人墨客沉迷于秦淮河畔的一颦一笑间。《味水轩日记》谈道："结缀罗绮，攒簇珠翠，为抬阁数十座。阁上率用民间娟秀幼稚妆扮故事人物，备极巧丽。迎于市中，远近士女走集，一国若狂[2]。"

明代"帉帨"是注重生活细节与品质的烙印，结合明朝图像和出土实物资料，明代"帉帨"虽源自元代银"事件"，但融合汉族配饰文化，精于结构巧妙。男女佩戴略有不同，男性佩戴修颜耳挖、剔牙、镊子等小物，女性除此外还搭配脂粉盒、香茶盒、香囊、剪刀、葫芦瓶等，具有巧妙的设计构造和生活实用性。

第一节 明代"帉帨"考古出土

传世文档、出土文献和文物资料、绘画是研究"帉帨"的重要例证，查阅相关资料，可发现"帉帨"均有出现，在当时有一定的流行。

考古出土实物初步统计共24组（详见附录表1）。从"帉帨"的完整性来看，还原"帉帨"使用形制仅一例，在江苏泰州徐蕃墓中，其补服左侧衣袖内发现一块豆黄色素绸汗巾，其长72cm、宽64cm，汗巾一角系一根长18cm的银索，一端系一根银牙签[3]，从其形制来看，符合"帉帨"的特点，其余多为"帉帨"配饰"事件"。

从考古发掘区域整体来看，明代时期"帉帨"主要集中在经济富庶的江苏地区及周边墓葬中，其中南京、上海出土最多。南京又称南都，明成祖朱棣迁都北京，南京成为了官员退休养老的地区。明朝世代功勋沐英家族墓就葬于此，在江苏省南京市中华门外将军山（原名观音山）南麓发掘明黔国公沐英的第九世孙沐昌祚和第十世孙沐睿墓中，发现一套男士佩戴的生活工具，长8cm系金链条的小金圆筒，内装剔牙、耳挖、镊子、鼻烟壶等工具可自由伸缩，链条底部另系小圆盖盒将其密封，防止污染[4]，链条另一端有与“盼帨”系挂扣环［图2-1（a）］。另一组发现散落的三角形紫红色金链挂，以天宫瑶池为主题琥珀挂件1件，正面刻蟠桃两个，反面刻文字“瑶池春熟”，与其系挂链条长33.4cm［图2-1（b）］；一宝葫芦药瓶，采用锤锞和模压等工艺制成饰有覆莲、法轮等佛法内容的纹饰，瓶口盖上有一小兽，中间空心，内装有药物，高5.4cm［图2-1（c）］；六边球形嵌宝石金盒1件，每一面交错嵌红、蓝宝石，直径4.1cm、高4.5cm[4]［图2-1（d）］；此为一组女性佩戴饰物。云南昆明王家营原龙山东侧发掘沐崧夫妇墓，沐崧夫人徐氏胸前发现一组链（图2-2）下系金剔牙、金镊子、金小刀、金耳挖各一件，通长41cm[5]，是一组具有实用性与装饰性的“盼帨”配件。

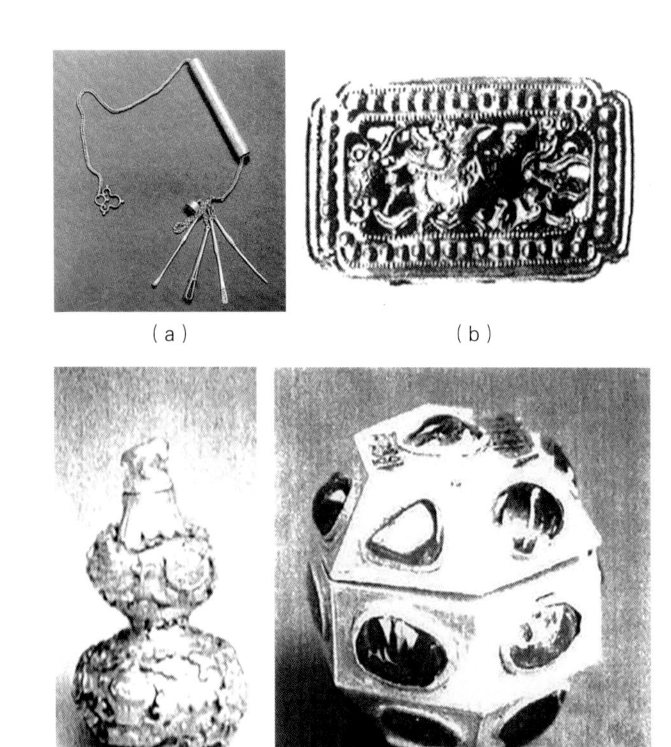
（a）　（b）　（c）　（d）

图2-1　沐昌祚、沐睿“盼帨”配件[4]

南京明代海国公吴祯墓《文物》杂志中写道：一组残破铜管1件，由子母口的饰菊花纹样金筒身与筒盖组成，底端已经残破，筒盖顶部中心圆凸，盖顶部中心有一环纽扣，套连两节S形链条。铜管主体残长22cm，筒身残长16.6cm、外径1.6cm、筒盖长3cm，铜的筒内放铜扒耳2件、铜耳挖1件、掏耳木棒3

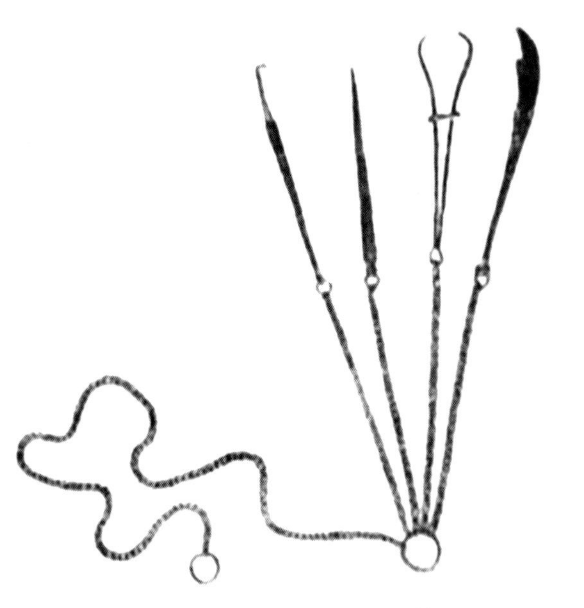
图2-2　沐崧夫人徐氏“盼帨”配件[5]

根。铜耳扒、铜耳挖的执手部分做成螺纹状，长17.5cm[6]。

《考古》杂志记载明代“词臣”陆深及子陆楫夫妇合葬墓，陆氏门第是明代中期上海地区的名门贵族。上海陆家嘴即由陆氏居地声望而得名，墓葬中发掘金牙签、耳挖2件（图2-3），用金丝线编成链，一蝶形锁片分隔成两股，精细地雕刻成龙首的形象[7]，须、麟立体感强，制作十分考究，此外上海还发掘到9组。

《东方博物》中记录了浙江省临海市城西张家渡王庄山发掘的王士琦墓，其中人形管装金扒耳1件，金链（图2-4）通长22cm，人高6.9cm，腰宽1.6cm；耳扒长4.7cm，直径1.6cm；牙签长4.7cm，直径0.9cm；塞子长1.8cm，直径1.5cm，整件器物重33.28g[8]。人形管作妇女状，为空心结构，身着右衽长衫，下着襦裙，头发盘髻插簪，手中捧寿桃。金链从妇女头顶穿过，一头有小圆环，一头连寿桃形塞，通过拉动头顶的金链子剔牙、耳挖悉数钻进人偶腹，底端一寿桃形塞堵住脚端[8]，外形酷似纯装饰物，其设计结构巧妙科学，人形刻画之细致，制作之精美，令人称赞。

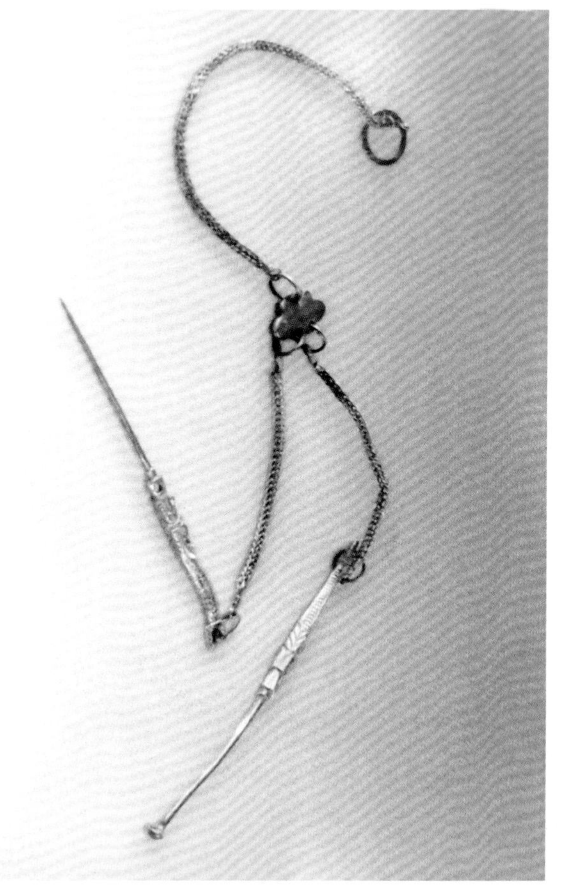
图2-3　陆深父子“蚧帨”配饰[7]

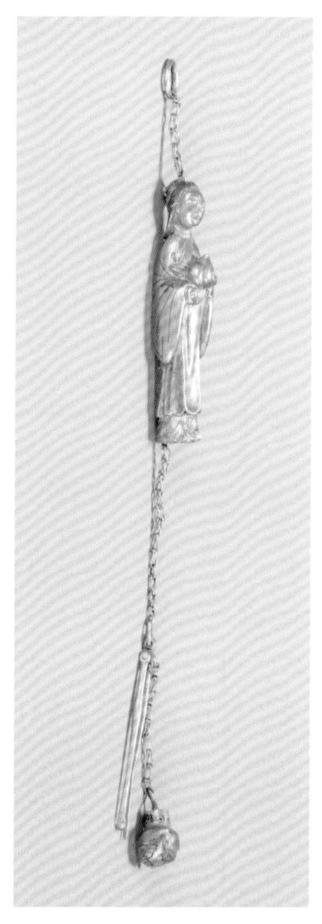
图2-4　王士琦“蚧帨”配饰（浙江省博物馆藏）

除江浙地区外，藩王的墓葬中也发掘出精美的“髝帨”配件，例如四川平武明王玺家族墓、湖北钟祥明代梁庄王墓（图2-5）、山东邹县明鲁荒王朱檀墓。在江西南昌、四川绵阳一带、湖北钟祥以及云南、辽宁、北京、山东、河南、广东等地也有一些零星的出土。明王玺家族墓中发现各类“髝帨”配饰若干，金粉盒（图2-6）、金佩饰（图2-7）、金耳勺、金串珠等多个物件，金粉盒为圆形，盒径5cm、带盖通高3cm，盖面凸起。盒身子口，平底。盒与盖一侧均有一方形横耳连着一长约25cm链条。另有一墓葬据推断是王玺父母王思民夫妇墓，墓中发现有金链、金圈3个、金串珠、银粉盒、银钥匙、银耳勺、银牙签，其中套链的一端拴一圆环。另一端拴一镂空圆球古罗钱，2个镂孔长圆筒吊锤在筒下，4朵喇叭形花载球四周悬吊，筒身均镂刻缠枝花、古罗钱和仙鹤一对，筒径1.8cm、高4cm、通长35cm[9]。虽有金链但均已散落，这应该是两副“髝帨”。

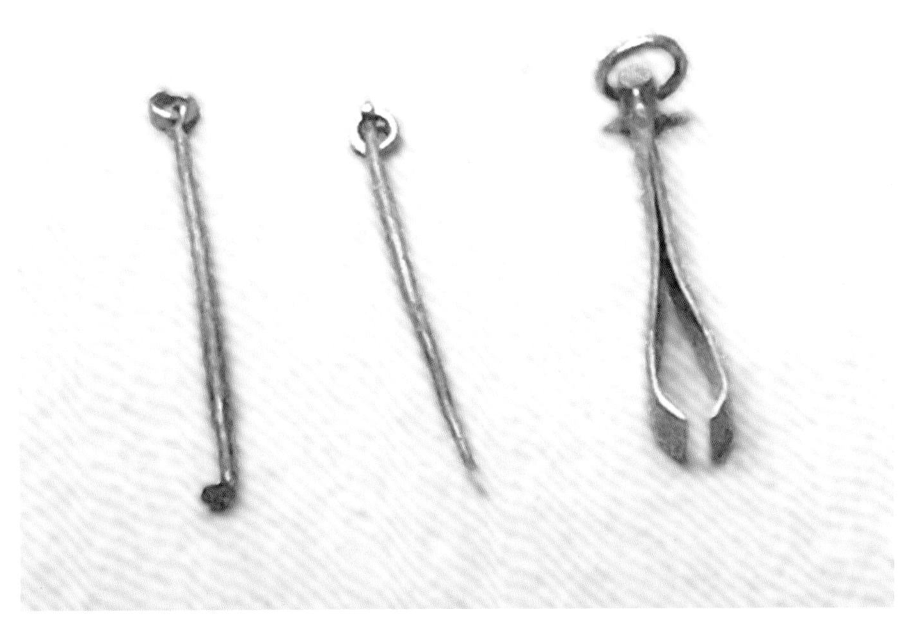

图2-5　梁庄王墓“髝帨”配件（笔者拍摄）

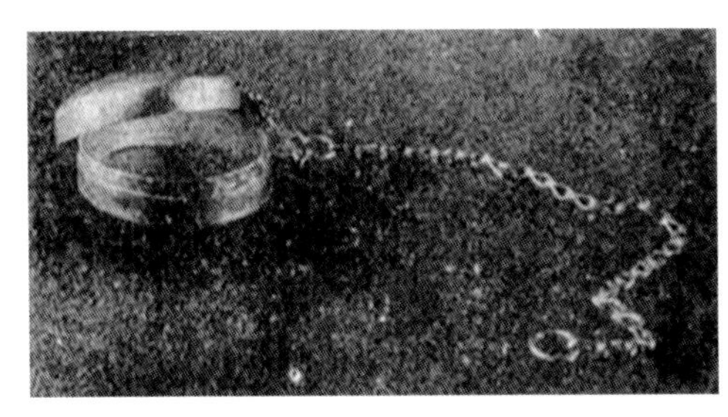

图2-6　金粉盒，明王玺家族墓出土[9]

图2-7　金佩饰，明王玺家族墓出土[9]

明代出土“帉帨”大多散落，配饰耳挖、剔牙、粉盒等较为常见，其中耳挖除可成组出现，还常以耳挖簪形式出现。值得注意的是，以上“帉帨”虽为墓葬出土，但不是一种丧葬文化，多是墓主人生前喜爱使用、把玩的物件。

第二节 明代“帉帨”的形与用

明代“帉帨”造型简洁，一般为长手巾状，其设计更多凝聚在配饰功用与精巧的结构上，以清洁、熏香等实用功能性为主。下文分别对男、女性佩戴构造加以阐释，着重分析明代“帉帨”配饰外在造型与内在结构特征。

一、明代男性佩“帉帨”

从时间统计来看，“帉帨”流行于整个明代时期，明初“帉帨”仍有蹀躞带遗风。自明太祖朱元璋“取法周汉唐宋”恢复汉族的服饰，男性逐渐不再佩戴刀、砺石等，改而坠挂剔牙、耳挖、镊子等修颜工具拴襻在“帉帨”上，或揣在衣服袖里，或挂在衣服扣上，又或垂系腰间。“帉帨”不同于普通手巾，其长宽一般大于50cm，甚至到100cm左右，一个角上缀金属小洞或是另缝系布襻。根据史料记载绘制男性佩戴形制复原图（图2–8）。

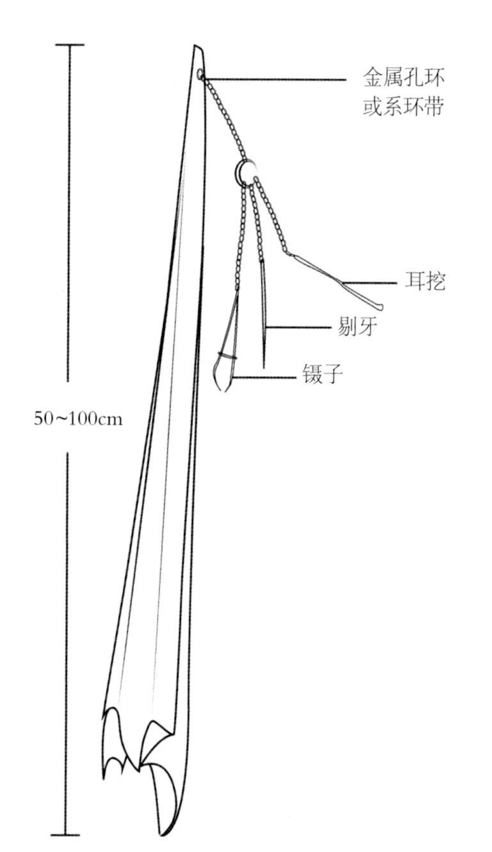

图2–8 男性“帉帨”搭配图（笔者绘）

“帉帨”配饰“事件”设计巧妙，简单的结构却富有巧思，同时兼具装饰和独立使用功能，大致分为链条式、转轴式、筒链结合式三种形式。

其一，最常见的是链条式，总束一端系挂佩巾，另一端下分多个链条设计，特点是制作工艺简单，每个物件有很好的单独使用性，但总体较为零散，使用中容易损坏，大部分的出土实物都出现不同程度弯曲。

其二，转轴型或一分为二切割分铸而成结构，一般是耳挖和剔牙两件。转轴型是以一点为轴撑，耳挖或剔牙可以单独旋转。一分为二切割分铸造结构是由两个模具分别铸造半圆柱结构，合在一起末端呈整体柱形结构，有活动的旋转设计。耳挖和剔牙较第一种厚实，对其有一定的保护性，不易折（图2-9）。

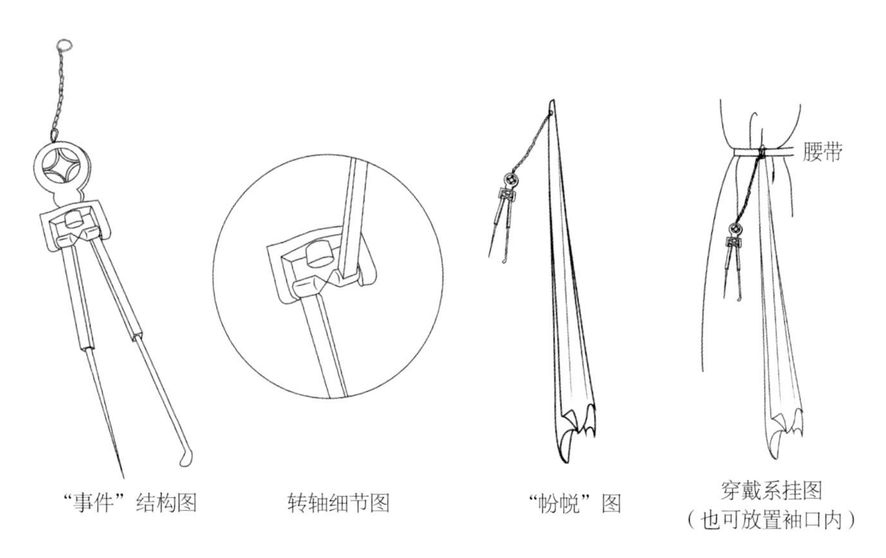

图2-9　转轴型“帉帨”配饰（笔者绘）

其三，筒链结合式是管状结构下方系挂配饰，配饰或是第一种形式，或是第二种形式，上下可以拉动，通过管状下面的底塞，可以将底端塞住，铜管和底塞上做装饰。其使用灵活方便，并且有很好的防尘性和隐蔽性，整体装饰性更佳（图2-10）。

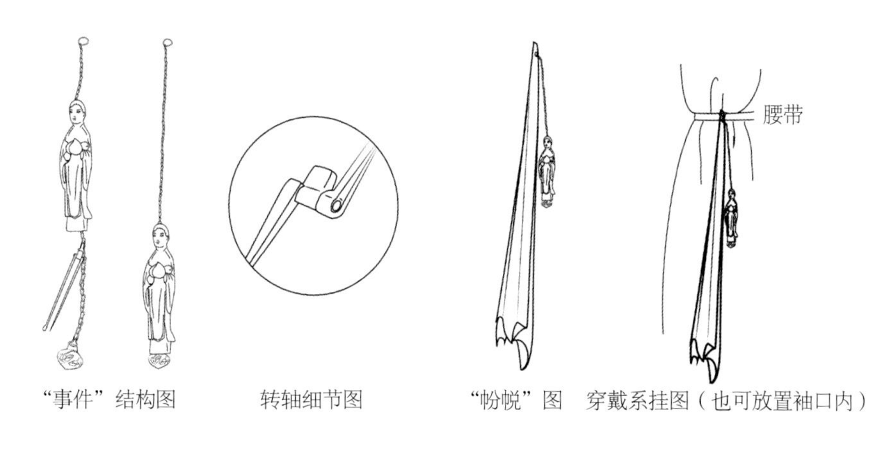

图2-10　筒链型“帉帨”配饰（笔者绘）

此外，还有一种专由内臣使用的“帉帨”，外臣不能模仿，是皇帝宠臣标志。此处的布是一种素纻丝或绫，染成黄色，长160cm，宽10cm，双层方角，样式如同大袋子，但没有穗。明朝刘若愚著《酌中志·内臣佩服纪略》有所记载：“抹布，非布也。是素纻丝或绫染柘黄，长五尺，阔三寸，双层方角，如大带子之式而无穗。凡干清宫管事牌子……英华殿陈设近侍，须蒙赐过者，乃敢佩于贴里之右，而蟠结绦上双垂之，露半条于外，垂于衣齐[10]。”只有受皇帝赏赐的内侍官才敢将这种抹布佩挂在贴里的右边，并且蟠结于绦上，垂挂双带，半条露在外面，垂下长度与衣服长短一样，并且佩饰“刀儿”小牙筋一双，小尖刀一把六七寸不等，其刀鞘以银镶鲨鱼皮制成，用红绒辫系束于衣服左边的牌穗上用作佩饰物[11]。

笔者以士人为代表的中间阶层使用的“帉帨”进行分析，其设计结构精巧，是该阶层对精致生活方式的追求。“帉帨”本是俗物，剔牙、耳挖也是不雅的象征，以一种装饰风格使其成为流行服饰品，恰能反映佩戴者的情感文化和生活品位。

二、明代女性佩“帉帨”

明代女性佩“帉帨”搭配剪刀、香囊、脂粉盒等女性熏香、修颜、缝补工具，主要在亲王、官员、士人、商人的妻妾间使用。笔者根据史料记载绘制明代女性“帉帨”配饰图（图2-11）。

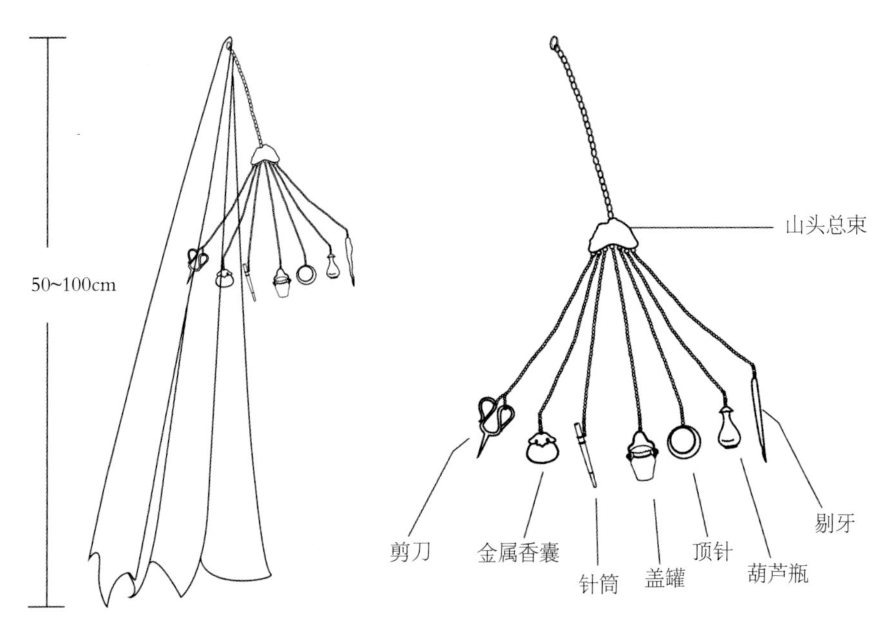

图2-11　女性“帉帨”及配饰图（笔者绘）

女性“帉帨”配饰设计，以一山头或花头总束下垂5个或7个装饰品，形式类似于男性链条式结构。此种结构源于实用象征性和装饰性的需要。

明代女性“帉帨”实用象征性显露在配饰结合了传统礼教对女性的要求和妇女使用习惯。“帉帨”、针筒、砺、小觿、金燧、剪刀本是实用物件，用来侍奉公婆舅母的。生活习惯改变不再佩戴砺、小觿、金燧等粗犷之物，而剪刀也仅具象征之外形而不具使用之功能，是女性擅长女红的显现。女为悦己者容，眉目如画、馥郁芬芳，香囊、脂粉盒、香茶盒也是女性立体营造色、香、味的日用物，折射才、情、趣的品位追求。叮叮当当、律声莞尔，将这些生活小物用相同材质装饰串联起来，在行走中彼此碰撞，独具音律美，是“帉帨”装饰性的体现。

明代后宫是否使用“帉帨”存疑，在明史中尚未发现关于“帉帨”的明确记载。《文渊阁四库全书》史部记载洪武三年规定皇后冠服，一副珠翠面花五事珠排环，以黄镶金龙文玉革带青绮鞓描金云龙文玉事件十金事件；皇后贵妃等后妃也用金玉事件，命妇礼冠四品以上用金银事件，五品以下用抹金银事件。明代文武官员及命妇，七品至九品的，冠以抹金银事件[12]。值得注意是这里“金银事件”是金银链的“禁步”，而并非是“帉帨”配饰。

总的看来，明代“帉帨”具有实用性，汗巾虽是明代人人必备的擦秽吸湿的日常用品，但是与“事件”搭配的“帉帨”据推断却不是百姓日常生活必需品。男性主要具有擦拭、剔牙、挖耳、修颜等作用，女性以装饰为主，还具有熏香的功能。随着晚明物质生活的极大丰富，在《金瓶梅词话》《醒世姻缘传》《梼杌闲评》等描写民间生活世情小说中常可以见到“帉帨”的身影，“帉帨”也有缘饰流苏等多种样式，鲜少用作擦拭器物的抹布，多用来贴身使用，除具有拭泪、包裹装物、接脏物、防风、装饰等基础功能，还具有打赏下人、物物交换、定亲以及男女间传情等诸多功能。

第三节　明代“帉帨”的色与饰

色彩赋予服饰直观的视觉语言，承载传统色彩文化观赋予的文化内涵，刺激人们的感官及内心情感表达。南北朝时期著名的文学评论家刘勰曾言：“物色之动，心亦摇焉”，“情以物兴，故义必明雅；物以情睹，故辞必巧丽”[13]。明代“帉帨”集使用者之个性，兼具附庸风雅之韵味，在色彩搭配上或素雅或华丽；配饰上常用金、银、玉等贵重材质，雕刻传统动植物纹饰、佛教图案、典籍故事以及寄情明志的文字，赋予饰物以灵魂，方寸间容纳自然万物与诗词歌赋，品情与自然融合，须臾万乐喧天，寻雅与俗的统一。

一、“帉帨”色彩的功利性

明代“帉帨”色彩因着装者表达情感不同而异，可谓是千人千面，从墓葬报告与小说中提取的色彩来看，依据不同人的审美需求以及使用场合呈现不同的色彩取向，色彩有豆黄、褐色、紫、红、玉色、月白等，种类丰富，染色技术成熟。

明代墓葬中丝织品以素色为主，有豆黄色素巾、白布扎绣几何图案、蓝印花、白色格子布、褐色布、银黄色素绢、豆绿色杂宝折纸花缎等，或许受丧葬文化、民间风俗禁忌、色彩寓意及哀思情感的影响，色彩明度与饱和度均较低，《金瓶梅词话》中讲到“白剌剌的汗巾子”一般是丧葬中用的，极有可能是丧葬文化的反映；从另一方面来看，使用者展现自己的生活品位与格调，摒弃民间传统艳丽、强对比的色彩，追求一种质朴雅致的色彩情感，这一色彩文化的审美心理也体现在同时期瓷器与家具生活美的格调中，反映了社会上层追求素雅风。

在民间生活中丝织品的颜色鲜艳、种类丰富，从小说《醒世姻缘传》《金瓶梅词话》中“帉帨”提取色彩图案，如“紫绫闪色销金汗巾”“红销金汗巾子”“白绫挑线莺莺烧夜香汗巾”“白挑线汗巾子”“老金黄销金点翠穿花凤汗巾”“银红绫销金江牙海水嵌八寶汗巾”“月白绉纱汗巾”“闪色芝麻花销金汗巾”“玉色绫琐子地儿销金汗巾”“娇滴滴紫葡萄颜色四川绫汗巾”“紫绉纱汗巾”“白绫两栏子汗巾”“银丝汗巾”等。小说中记载“帉帨”是扬州地区流行时兴样式，结合万历《扬州府志》画作探求，除普通面料色彩求艳外，销金点翠等也常用来为其光泽。销金指在面料织造过程中加上金线，提高其光泽度；点翠即用翠鸟的羽毛和金属工艺结合制成的翠兰色、翠青色、湖蓝色、蕉月色、深藏青，根毛的纹理和色彩不同，呈现出多种变化，色彩光泽度极好且不易褪色。明代各种织物色彩种类丰富已与制作工艺密切相关。

明代“帉帨”色彩呈现两种截然不同的态势，整体依使用场合而定。日常生活中“帉帨”色彩种类多样，运用不同的材质为求色彩艳丽和光泽度，反映民众求浮华的心理需求，墓葬出土“帉帨”色彩恬淡，反映素雅风和丧葬文化。

二、“蚡帨”纹饰的多样性

明代“蚡帨”纹饰集中体现在佩巾和配饰上。“蚡帨”佩巾纹饰织造而成，多数不单独刺绣，纹饰有江崖海水、荷花、团扇、葫芦、宝剑、折纸花、银锭、方盛、犀牛、古钱、万卷书、火球等，另有销金、织银、提花等装饰工艺。

明代“蚡帨”纹饰更多的是刻画在其金属配饰上，可分为动植物纹样、人物纹样、佛教元素纹样、文字装饰纹样，题材是制作者的心境与意念表达，将自然界的事物赋予感情，并且组合、变形成具有民俗寓意的图案，充分反映了着装者生活美学追求以及生活品质，式样精致，展示了明代手工艺人高超的金属冶炼技术，呈现出整个社会文化的影响。这些文化深入到人们日常生活的美学中，既要彰显个性又要含蓄内敛，“蚡帨”正是社会环境剧变以及美学观影响下的产物。

（一）动植物纹样

明代“蚡帨”配饰中，动植物纹样最为常见，由于配饰上面积较小，雕刻、镂空工艺多选用简单、易于刻画的动植物花纹。在中国传统的图案里，动植物的题材来自于自然界，人们运用直接写实或者夸张、变形突出它的艺术特性，利用植物柔美、卷曲的特性巧妙构图穿插，呈现繁密而和谐的画面，例如大片的荷叶搭配卷草纹（图2-12），具有线条韵律感、纹样华丽感，成为符合时代审美心理的形象。

图2-12　金荷包，平武苟家坪出土（笔者绘）

龙首的形象在耳挖等首端也有发现。龙是中华传统故事中的经典形象，象征祥瑞，具有降妖伏魔、兴风唤雨等超意识能力，一直以来是帝王权威与尊贵形象的代表，常用于宫廷服饰中。墓葬中发现的龙首造型逼真，本应用于皇家的装饰大量出现在民间，符合明朝允许随葬品等级高于实际身份的政令，同时也是明中后期礼教

图2-13　金粉盒，平武苟家坪出土（笔者绘）

约束削弱的表现。此外还用鸳鸯戏莲、云纹、凤穿牡丹、仙鹤、梅献五福、卷草、菊花、梅花、蕉叶纹、回纹（图2-13）作为点缀，运用谐音、寓意象征的手法，表现对未来美好生活的憧憬。

（二）人物纹样

人物题材使用较少，大多来源于历史典故、生活场景。制作工匠以现实生活为基础，再加上幻想和宗教色彩构成画面[14]。这些配饰往往传达着佩戴者的情感，在知识传播与讯息不通畅的年代，人们常常寄情于日常生活中的戏本子、评书中，戏本中的除暴安良、辨别忠奸、贤妻慈母形象也是人们获取伦理知识与趣闻的途径之一。这些精神的寄托常常幻化为具体的人物形象运用在“蚡悦”配饰的装饰造型中，如执荷金童，一孩童双手斜执荷叶这一天真童子的形象，胖嘟嘟穿着肚兜的形象甚是可爱，是民间艺术品生动表现[15]，显示着生活中对仙童的喜爱，有着七夕祭物象征也是求子的表现（图2-14）。

图2-14　执荷金童，平武苟家坪出土（笔者

王士琦墓葬中人形管状链饰金挖耳、金剔牙一组，筒管为一身着长衫束发妇女造型，双手交叠于胸前，手托仙桃（图2-15）。这一形象显然符合时代女性的审美特点，是否以现实中真实人物为原型，我们无从得知，但这种手托仙桃结合、在合扣处脚踩寿桃的形象，无疑是将人化作仙子的形象，人物灵感取于现实与美感的启迪，是以艺术手段再度创作的成果。

图2-15　金束发妇女，王士琦墓出土（笔者

（三）佛教元素纹样

佛教纹样是服饰品常用纹饰之一，以“卍”字符为例，是来自世界上古老的宗教文化和护符咒语，在梵文中读作“Srivatsa（室利靺磋）”，通常被认为是太阳或火的象征，在东汉为佛教

所用，盛唐时期武则天在位期间读音定作“万”，寓意吉祥之所集[16]。“莲花”纹样普及使用，喻意释迦摩尼诞生即能下地行走七步，步步生莲。

莲花也是世间唯一能花死而根不死，花、果、种子并生，来年再生的花。在佛教文化中有着轮回长生之意，也是百姓祈愿趋吉避凶、富贵绵长、修成正果的吉祥物。佛教中“一切有为法，如梦幻泡影，如露亦如电，应作如是观”中“空”的思想，也成为当时士绅文人的心灵港湾。在黔国公“事件”中覆莲、法轮纹样等佛教纹饰，是对禅意追求。明代时期，禅宗思想在江南地区得到了较大的发展，尤其是妇女平时家中听经礼佛，恰逢节庆便会到寺庙中上香祈福，佛教纹样也成为装饰纹样之一，并影响了当时手工艺制造。

（四）文字装饰纹样

文字装饰是将诗词直接雕刻在载体上用以明志，是文人骚客常用装饰手法之一。运用诗词歌赋或隐喻话语简洁明了地抒发佩戴者或制作者的向往与追求。中国文字在间架结构中本身即有自身独特的韵味，随书写者自身的气魄或韵味不同，或苍劲有力，或灵动潇洒，丁真楷草间富有独特的韵律。

在明代出土文物中值得一提的是四川铜梁张文锦夫妇墓中发现的一件六棱小银盒，盒上有金丝镶嵌的人物图案和“鹤来有松伴，云去石无衣，黄金浮世在，白发故人希”五言诗一首及一“禄”字。盒内装有与铜链相连的铜柄银挖耳勺、牙签各一[17]，以及“瑶池春熟”的阴刻与正面的两颗仙桃、枝叶的形象相互呼应，寄托了民间对“福禄”的向往，瑶池春熟是佩戴者追求仙道和洒脱的意境。

第四节 明代“帉帨”的材与质

明代“帉帨”面料种类较前朝丰富，“帉帨”有飘逸的外在，系挂装饰物，举手投足间尽显洒脱或妩媚之情，同时也可辅助服装主体的装饰效果，面料来源于全国各地。配饰材质多用金、银、玉等，映射明代经济繁盛、物质丰富、民间匠人手工艺精湛以及僭越之风的盛行。

一、明代“帉帨”面料

明代制作服装的面料种类繁多，有绸缎、罗织物、丝锦、绫罗、绸、纻纱、绢、丝，且每个大类别还可细分多种。“帉帨”用料包含四川绫、松江布、素绢、闪缎、素纻丝、绉纱、白绫、色绫。面料名称看出其来源于全国，各地织造已经形成地方独特的风格。据《金瓶梅词话》考证，制作“帉帨”面料中以“绫”最多，绫是一种变化斜纹地上起花纹的中国传统丝织物，最早产于汉代，是由绮发展而来的，在唐代织造技艺达到高峰。“绫”质地光滑、柔软、轻薄，常用来制作睡衣等，适合贴身使用。另一种是纻丝面料，也是宫廷的内侍官使用。嘉靖十六年曾规定四品以上官员及五品堂上官、经筵讲学官才许穿纱、罗、纻丝。从面料使用看，“帉帨”多使用华丽面料，民间效仿僭越之风盛行，而且其造价相对服装来说低廉，容易满足百姓虚荣心。

从面料来源看，江浙一带仍是丝织品面料最大产地，为明代面料的多样性提供选择。尤其是晚明时期，顾起元谈到江苏一带女性时尚时写道：“三十年前，她们每十年就有一次变化，而现在不到三四年，苏州就出现了一些新的风格”，影响着服装不断更新式样[18]。起初家庭妇女手工织绣“帉帨”供家庭使用，随着商品经济蓬勃发展，街头巷尾也售卖“帉帨”，样式层出不穷。面料款式的多样为“帉帨”式样变化提供了基础。

二、明代“帉帨”配饰材质

明代“帉帨”配饰多为玉、金、银等材质，江南地区金属手工制造业发达，达官贵族无论是生活中日常把玩佩戴首饰装饰，还是死后随葬品大部分是此类材质。明代统治阶级虽未对形制做出具体规定，但为维护其地位等级，从材质上做出了规定：《明史》卷六七《舆服第三·文武官冠服》规定官服一品以上可用玉，又卷六八《舆服第四·器用》规定器用一、二品不许用玉只许用金，商贾、

图2-16 “帉帨”玉配饰，辽陈国公主墓出土[19]

庶民则不得用金银。在某种程度上玉的等级高于金银的等级，明代“帉帨”金、银、玉使用人群多为帝王和达官显贵名流，明末商人也常用。帝王使用以金镶玉或金制成，贵族官员则多用金质或金包银的材质制成，偶尔也可见铜制等其他材料。

（一）金玉组合

中国自古以来，玉是德的象征，常以玉比人，认为玉有五德，玉仁、玉义、玉智、玉勇、玉洁，将美好的寓意融入装饰造型，成为别具一格的把玩佩戴物。金玉的组合象征着金玉良缘，封建秩序下的婚姻美满。最为著名的是辽陈国公主墓出土的一副“帉帨“佩饰（图2-16），玉制的倒垂莲花连接着六根金链子分别连接着玉制剪刀、挖耳、锥、刀、搓、觿，做纯装饰用[19]。明朝的朱察卿家族墓中也出土一副（图2-17），将玉环穿在“帉帨”上做装饰，也是世家官绅彰显身份和财富的饰品[20]。

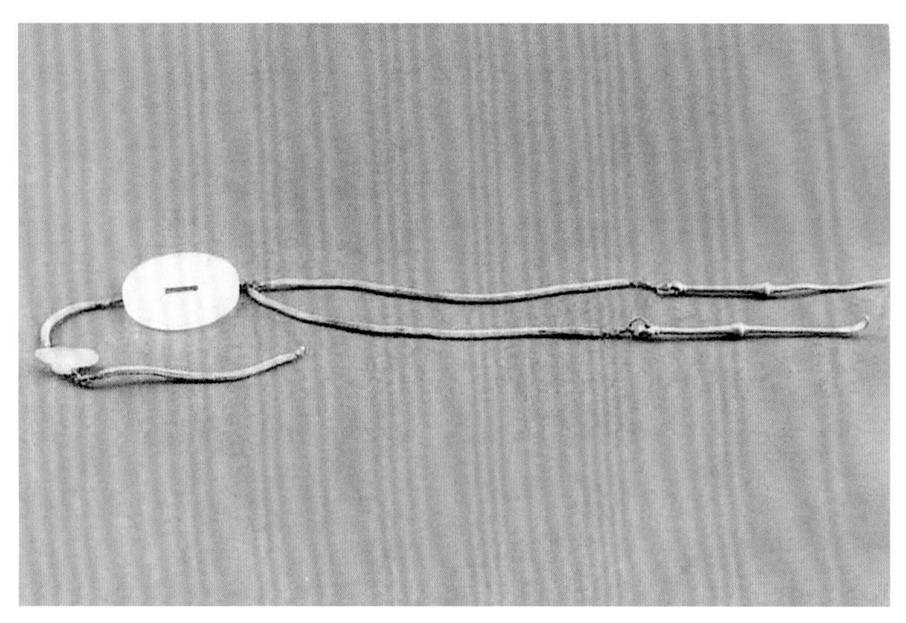

图2-17 “帉帨”配饰，朱察卿家族墓出土[20]

（二）金银质地

大多数的墓葬中发现“帉帨”配饰最多的是金银、纯银制和金包银，很少见到纯金制的，因为纯金制作的材料较软，无法很好地塑形与使用，易弯折，也与当时银的价格相较金低廉有关，即使银制大部分也会镀金。一方面，明代时期经济发展迅速，大量国外使团来江浙地区订购丝绸、金银器皿，促进了江南地区经济的发展，不仅官造作坊得到较大的发展，民间作坊也纷纷如雨后春笋般涌出。尤其是金器的冶炼技术，在江苏地区曾出土的金丝帽与定陵出土的形制基本相同。另一方面，金器有着强烈的反光度，虽不如玉温润，却是展现财富与地位的重要材质。

（三）铜锡骨木

除常见的金银材质外，还有铜、锡、骨、木等材质，数量相对较少。铜、锡材质一般不用做装饰物，视为不雅，还会损害头发、皮肤，锡材质一般用作冥器。李渔《闲情偶寄》记载："贫贱之家，力不能办金玉者，宁用骨角，勿用铜锡。骨角耐现，制之佳者，与犀贝无异[21]。"骨器和木器在明朝的文人雅士看来亦能增娇益媚，文雅耐观。

第五节 明代"蚡帨"的时尚

说到"时尚"，似乎只有在城市工业社会以后才有的产物，但是作为一种社会意识现象来看待，时尚便可以理解为人的价值追求和审美意识。社会学家孙本文认为："时尚就是一时崇尚的式样，而式样就是任何事物所表现的格式……只要社会上一时崇尚，任何式样可讲的事物，都可称为时尚[22]。"明代"蚡帨"时尚流行正是明代社会经济、文化的映射。

一、明代"蚡帨"的领潮者

朱元璋恢复唐以来的汉族服饰，抛弃元朝游牧民族服装，但彻底抵制是不现实的。"蚡帨"本为胡服的装饰搭配，明代曾全面恢复整顿汉族衣冠服饰制度，明令禁止胡服、胡语等元代服饰及语言文化，但民间长久以来习成的佩戴习惯仍然遗存，中原地区人根据使用习惯改变它素有搭配组合以及佩戴方式，形成簇新点缀佩饰。

从现存资料来看，分析明代"蚡帨"的流行引领者："蚡帨"在明代宫廷史料中无记载，不再作为皇家礼服使用，普通百姓使用情况也仅能从明代小说中推断。从明代上海的墓葬报告来看，300余座明代墓葬，仅有7座出土"蚡帨"，均来自有精致生活追求的儒雅之士，或者是物质生活极其富裕的王侯。明代社会阶层以士、农、工、商的顺序排序，士人处于皇族和平民的中间阶层，统治阶级为建构自身权力的同时制衡社会经济的发展，而士人是整个社会中思想与政见最活跃的人，在历代文官制度中，士人一直在整个社会享有尊崇，处于上层阶级边缘[23]。明代“盼悦”是由明代士人阶级引领的新流行消费风尚，展现对扬风扢雅生活方式的向往与追求。《卢仝烹茶图》记录了明代士人精致生活方式（图2-18），“盼悦”配饰挖耳、剔牙、镊子等修颜工具并非文雅之事[24]，制作工匠却将俗隐藏起来，用雅的装饰形式来呈现。用纯装饰的形式掩盖，使用者常藏于袖内，在日常使用或不经意间流露出来的时候，显示了使用者对生活品质及细节的讲究[25]，通过物境的经营，营造“雅”“新奇”“适用”的风格。

图2-18　卢仝烹茶图（台北故宫博物院藏）

二、明代“盼悦”的流行趋向

一种时尚流行方式的出现，一定会引起社会大众的有意识或无意识的跟随与模仿，这是时尚得以传播的心理机制，社会学家周晓虹认为时尚模仿毫无疑问是赶潮者与领潮者的学样，其目的或是出于对被模仿者的尊敬，或是为了赶上或胜过被模仿者，前者称为虔诚性模仿，后者称为竞争性模仿[26]。从审美文化来看，时尚是一段时期多人追随的服饰品通过物质或者非物质的形式表达这一时期价值追求和心理状况，丰富人的精神世界，映射社会经济与文化的状况[27]。就明朝“盼悦”流行趋向而言，既传播至拥有至高无上权利的皇亲贵胄，又向下传播到富甲商贾与烟花巷柳之中。

（一）虔诚性模仿

模仿是一种最快融入群体的办法，可谓是获得社会认同的标识，在富甲商贾与烟花巷柳呈现虔诚性模仿的态势。明代“盼悦”作为一种佩饰，之所以流行与人们愿意表达与显露自我的客观事实不可分割。“盼悦”流行从某种意义上来讲是一种文化认同，士人拥有相同的生活态度和审美原则，共同构建成一个具有相同思想意识的群体，与其他阶级分离开来。士人阶级在服饰外在表征中展现对“雅致”生活物品和超然生活态度的推崇，成为表现自我的一种符号，具有审美导向作用。

由于明中期以后朝政衰败，文人入仕无门转而投商，商人“求同”心理刺激其追赶时尚潮流。其一，学习士人日常使用把玩的物件，模仿士人的生活方式彰显自身品位，虽然处于不同的社会阶级，但审美的共通点将不同阶层之间的界限不断打破。尤其是中国古代社会依靠服饰制度“分尊卑，别贵贱，严内外，辨亲疏”，商人阶级的模仿也是社会等级制度乱相产生，礼制的约束力下降的外在显现。其二，“帉帨”配饰以金银居多，根据明代规定，任何形式的白银只要可以被称重就是货币，“帉帨”可视为另一种形式的货币，这也是其在具有社会资本的富甲商贾中流行的重要原因。对于士人阶级来说，服饰品与生活方式的消费文化是对雅与俗的界限，而这种消费文化的兴起无疑是对艺术界限的瓦解。其三，无论是富甲商贾还是烟花巷柳的虔诚模仿和欣赏行为，也源自被服饰本身美和内涵表达的吸引，是对美好事物追求的本能反应。这些符合他们审美理想的新颖实物往往会产生一种不自觉模仿的心理冲动。

（二）竞争性模仿

竞争性的模仿表现在皇亲贵胄和明代的名妓文化中，是一种在普通中凸显自我价值与审美文化的取向，展示个性差异与独立性的表现。

明代“帉帨”虽不是礼仪制度下的佩饰，但从统计来看确实传播至受封的亲王郡王中，如山东邹县明鲁荒王朱檀、四川土司明王玺家族的墓葬中均有发现。首先他们属于社会上层，自然有财力和权利享受物欲的生活，网罗新奇时兴物件，是能够最先追随流行潮流的人群。士人阶级是拥有文化权力属相的人群，皇家亲眷展现竞争性模仿，他们不单是模仿，从出土文物来看，无论是材质还是装饰都更为精致。

总体来看，明代“帉帨”的流行是由士人营造的“儒雅”“新奇”的物境生活方式，以扬州、苏州为代表的时尚文化中心，主要在官员、士绅、世家、商人等阶层流行，影响至亲王及家眷，是以士人阶级为代表展现自身审美和形象塑造的要求，既是对内在私密饰物显露的开放，同时也是炫耀财富的装饰。如果把“帉帨”这种流行当作一种社会现象来看，它是皇室宗亲用更精致华丽的样式，以审美和品位打造属于其专属阶级的服饰品，他们追随装饰品不在于被动地模仿，而是具有独特个性的熟练驾驭。它也满足了商人阶层凭借外在修饰与生活方式追随，树立新的形象、尝试新的生活方式的需求。

[1] 顾炎武. 天下郡国利病书[M]. 上海：上海古籍出版社，2012.
[2] 李日华. 味水轩日记校注[M]. 屠友祥，校注. 上海：上海远东出版社，2011.
[3] 黄炳煜，肖均培. 江苏泰州市明代徐蕃夫妇墓清理简报[J]. 文物，1986(9)：1–15，98–100.
[4] 阮国林，葛玲玲. 江苏南京市明黔国公沐昌祚、沐睿墓[J]. 考古，1999(10)：45–56，100–103.
[5] 张增祺. 云南呈贡王家营明清墓清理报告[J]. 考古，1965(4)：185–192，8–9.
[6] 朱兰霞. 南京明代吴祯墓发掘简报[J]. 文物，1986(9)：35–41.
[7] 王正书. 上海浦东明陆氏墓记述[J]. 考古，1985(6)：540–549，582–584.
[8] 裘樟松，王方平. 王士琦世系生平及其墓葬器物[J]. 东方博物，2004(2)：101–111.
[9] 张才俊. 四川平武明王玺家族墓[J]. 文物，1989(7)：1–42，97，99–103.
[10] 刘若愚. 酌中志[M]. 北京：北京古籍出版社，1994.
[11] 王熹. 明代服饰研究[M]. 北京：中国书店，2013.
[12] 张廷玉，等. 影印文渊阁四库全书·史部五六正史类明史（二）[M]. 台北：台湾商务印书馆，1986.
[13] 刘勰思. 文心雕龙[M]. 王志彬，译注. 北京：中华书局，2012.
[14] 梁惠娥，邢乐. 中国最美云肩：情思回味之文化[M]. 郑州：河南文艺出版社，2013.
[15] 张丽华，陈成. 玎玎珰珰七事件儿：平武苟家坪明墓出土金事件儿[J]. 文物天地，2015(1)：30–34.
[16] 梁惠娥，刘荣杰. 中国传统服饰中“卐、卍”字纹的关联机理与研究现状[J]. 服装学报，2018，3(5)：432–437.
[17] 叶作富. 四川铜梁明张文锦夫妇合葬墓清理简报[J]. 文物，1986(9)：16–34，101–103.
[18] Antonia Finnane. Changing Clothes in China [M]. New York：Columbia University Press，2008.
[19] 丁哲. 浅析辽陈国公主墓出土的玉器[J]. 收藏界，2010(10)：42–45.
[20] 何继英. 上海明墓[M]. 北京：文物出版社，2009.
[21] 李渔. 闲情偶寄[M]. 昆明：云南人民出版社，2016.
[22] 孙本文. 社会心理学[M]. 北京：商务印书馆，1946.
[23] 许倬云. 中国古代文化的特质[M]. 厦门：鹭江出版社，2016.
[24] 扬之水. 古诗文名物新证合编[M]. 天津：天津教育出版社，2012.
[25] 邓莉丽，刘晓丹. 明代金银“三事儿”设计美学与文化内涵研究[J]. 装饰，2017(1)：84–86.
[26] 周晓虹. 模仿与从众：时尚流行的心理机制[J]. 南京社会科学，1994(8)：1–4.
[27] 袁愈宗. 都市时尚审美文化研究[M]. 北京：人民日报出版社，2014.

第三章

奢华风气：清代『帉帨』

“一代之兴，必有一代冠服制度”[1]。《研堂见闻杂记》记：“又其初，士皆大袖翩翩，既而严革禁，短衫窄袖，一如武装。乡间有乡愚不知法律，偶入城市，仍服其衣，蹩躠行道中，无不褫衣陵逼，赤身露归，即为厚幸[2]。”清代满族初定中原，明清交替时势使然，文化是统治它族文明最有效的手段，为免被汉民族同化移风易俗，势必推行满族服饰并强化尊卑等级观念，一时间反抗尤为悲壮，“欲存千尺发，笑弃百年头”。清政府为缓和满汉服制矛盾，推行“十从十不从”的服饰政令，为满汉服饰并立与融合提供空间。

清代满族佩“帉帨”，承袭上古服饰之制，男性乘蹀躞带之风，女性效“妇德”之制。以古人的服饰为依据，“古妇人衣长不见足，汉承古制。八旗妇人履底厚三四寸，圆其前，外衣通长掩足，轻裾大摆，亦与古装无异。”清代“帉帨”在文化碰撞交融过程中不仅展现满族形制，也融合了汉族形式，“帉帨”呈现满族民族意识和文化认同下独特的装饰形式，见证了两种相异文化碰撞与交流、吸纳与融合的过程。

第一节 清代“帉帨”考古出土

如果就清代墓葬出土“帉帨”来看，可谓寥寥无几。并非是清代百姓的使用没有明朝普遍，而是因清代距今仅有一百多年的历史，考古学研究时间下限是明代灭亡，清代时期出土的资料较少，但有部分传世品。在笔者所能搜集范围内，仅整理出两处出土“帉帨”的配饰（表3-1）。

表3-1 清代出土的“帉帨”配饰

序号	地区	帉帨	质料	卒葬时间	资料来源
1	上海	银链与一小饰件连接，分两股分别系金牙签、挖耳1件	银、金	道光、咸丰年间	《上海陕西北路发现清墓》
2	黑龙江依兰县	铜链条连挖耳和剔牙	铜	清初	《依兰县永和、德丰清墓的发掘》

上海陕西北路清代墓葬中出土金牙签、挖耳各一件，一端为银环，用银链与一小饰件相连，其下银链分为两股，分别连接牙签及耳挖勺[3]。此处考古

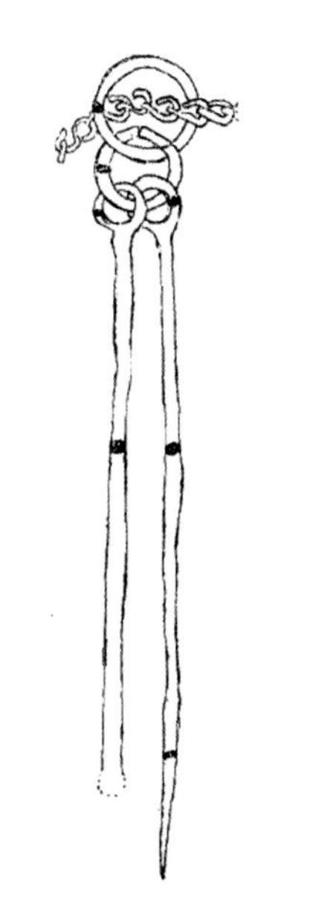

图3-1 “蚧帨”配件，黑龙江依兰县清代墓出土[4]

发现“蚧帨”与明朝时期配饰“事件”相似。

黑龙江依兰县发现一座清代初期墓葬，其中有一组配饰，考古报告中描述到：铜瓦勺一件，在瓦勺的旁边还有一带尖铜通条，系抽烟时用具，瓦勺与铜条用一小铜环链穿系，大铜环为铜链穿系，铜链条长9.5cm[4]（图3-1）。根据图示笔者发现，此形制与明朝挖耳、剔牙的形制完全相同。另还发现铜链残长12cm，火镰3件，由两片牛皮制成，内装铁质打火工具，火石两件，发掘的“蚧帨”残件明显有游牧民族的特点，东北又是满族的发源地。只是在发掘的过程中连接处已断裂，应是一副完整清代早期男性“蚧帨”。

仅此两处虽不能说明清代“蚧帨”普遍流行，但与明朝相似的造型与结构反映了清代民间延续明朝服饰配饰制度。

第二节 清代“蚧帨”的形与用

纵观清代“蚧帨”，与明代不同之处在于除民间使用外，皇室官宦佩戴“蚧帨”沿袭本民族的服饰风习，并且根据使用场合与身份地位不同而等级分明。皇室男女“蚧帨”形式分化，男性在腰带上左右对称的位置各悬挂一组，称为“蚧”；女性在领口下第二颗纽扣的位置，称为“帨”。相较于“蚧”，“帨”更加生动多变、丰富多彩，随着女性身姿摇弋，曼妙生丽。中原汉族服饰与其他各族的碰撞与交融是传统服饰文化不断发展与丰富的推动力，民间汉族“蚧帨”与满族并行不悖，在冲突与融合中潜移默化地吸收对方的特点，映射骑射与洒脱之美。

一、清代男性佩“蚧”

谈到清代男性佩“蚧”不得不追溯到满族先祖半渔猎半农耕的生活方式，常年生活在山林中，“同于蒙古者衣冠骑射，异于蒙古者语言文字”[5]，也有外出时腰带系挂帉帨、荷包、打火石、小刀等物的服饰风俗。长袍是满族最具代表性服饰，常系腰带，在野外打猎时可以防风保暖。定都北京后，生活环境改变，宗室官员改用丝带系挂装饰腰带，“帉帨”也逐渐失去其实用功能。民间汉族男性沿袭明代“帉帨”特点，易服更张，在袍子外系束腰带，两者并存。

（一）宗室官员

乾隆二十四年，由和硕庄亲王和总理礼器图示馆事务等人修撰确立朝服制度，乾隆三十一年再次纂修、誊录、绘图、校缮、供事等最终确立《皇朝礼器图式》（详见附录表3～附录表5），内容涉及祭祀、朝聘、丧葬、征伐、宴请、婚冠等活动时礼仪服饰[6]。

按照清代服饰制度，皇帝、官员需在朝会、吉庆和射猎等不同场合分别佩朝带、吉服带（包含常服带）、行带。宗室官员随场合不同，搭配不同腰带，“帉”是区别朝带、吉服带、行带最显著的标志。按照地位等级不同，佩“帉”的形制、质地及配饰数量相异，但均系挂在袍服外。其中朝带的等级划分最为详细，其次是吉服带，行带区分最小。实用性反之，行带实用性最强。

官员朝带以皮革做底，外包裹丝帛，镶嵌珠宝，以丝帛颜色及珠宝质料、数量等区别等级[7]、朝服带上“帉”在清代帝王宫廷朝服及生活画像中较为常见（图3-2～图3-4），一般为长手巾，拴在腰带上，装饰也较为简单，常用于皇帝、皇子、王公以及文武百官觐见皇帝时佩戴的腰饰。

图3-2　清世祖顺治皇帝像

图3-3　清圣祖康熙皇帝像

图3-4　狩猎图

以皇帝朝带为例（图3-5、图3-6），分为非祭祀与祭祀两种，祭祀的更为繁杂。非祭祀用朝带，龙文金圆版四个带銙，饰红宝石或蓝宝石及绿松石，每具衔东珠五，围珍珠二十。左右佩帉，下广而锐，中约镂金圆结，饰宝如版，围珠各三十。佩囊文绣，燧觿、刀鞘、结佩惟宜，绦皆明黄色，大典礼御之[6]。

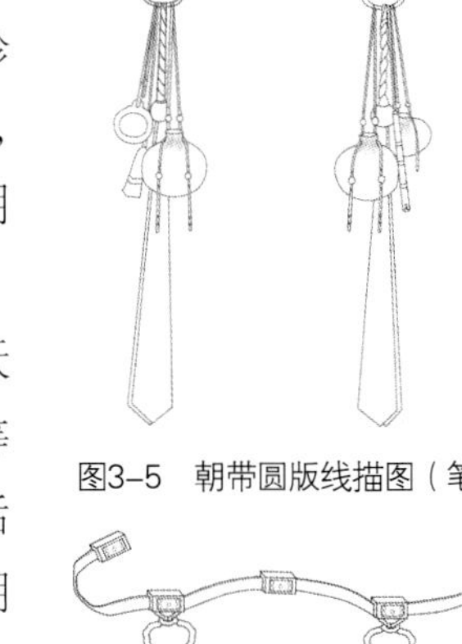
图3-5　朝带圆版线描图（笔者绘）

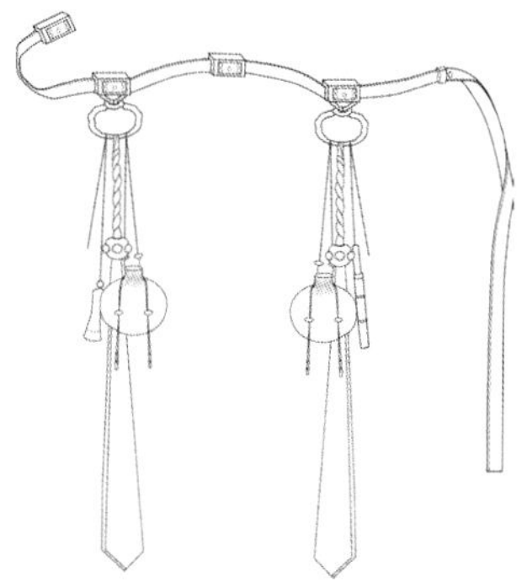
图3-6　朝带方版线描图（笔者绘）

祭祀是清代礼法制度重要组成部分，祭祀对象有昊天大帝、社稷、宗庙、历代先皇、先师孔子及天神、太岁等等，常被视为一个王朝获得合法治国权利的象征。祭祀活动形式与着装都有十分详尽的规定。皇帝祭祀朝带，色用明黄，龙文金方版四，其饰祀天用青金石，祀地用黄玉，朝日用珊瑚，夕月用白玉，每具衔东珠五。佩帉及绦，惟圜丘用纯青，馀如圆版朝带之制，中约圆结如版饰，衔东珠各四，佩囊纯石青，左觿右鞘，并从版色[6]。三类腰带中朝带是各类腰饰中区分地位等级最详细的，两条"帉"上端扭结在一起，下端钝角，中约一珠子或镂空版予以固定。

吉服带是在穿吉服时外面系挂的腰带，其佩"帉"整体较窄长，底端齐而直（图3-7、图3-8），皇帝、王公大臣、文武百官在举行筵宴、迎銮、冬至、元旦、庆寿等嘉礼及某些吉礼、军礼活动时与吉服搭配使用，也与常服一起使用[8]。

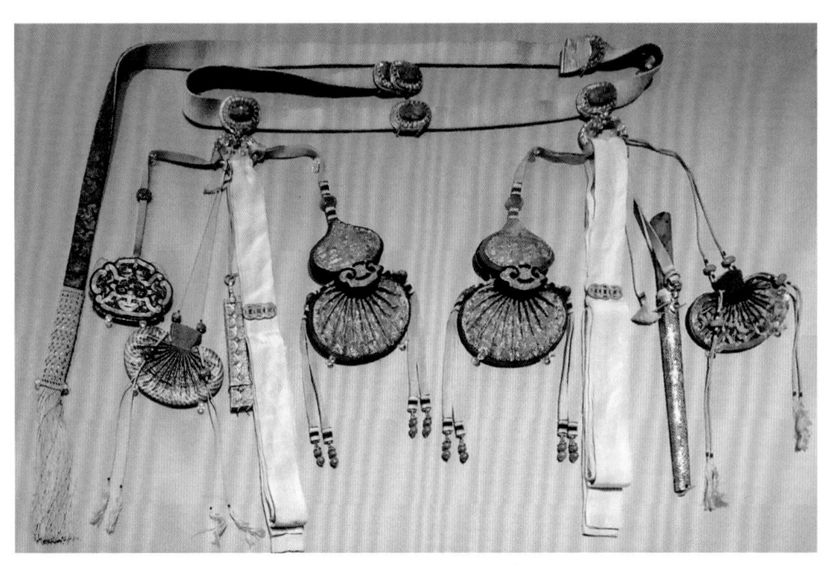
图3-7　清嘉庆吉服带（笔者拍摄）

图3-8　吉服带线描图（笔者绘）

形带是巡幸各地及围猎时使用，其带略短粗更具有实用性，用来擦拭、勒马（图3-9）。皇帝与官员不同，官员间均相同，行服带銙采用牛皮，轻便有韧性更便于骑马时取用"帉帨"。形制的不同是由实际用途决定的，除具有擦拭作用外，还具有其他更重要的作用。《清稗类钞·服饰》记载佩"帉"用来代替拴马绳子，骑行时遇到马匹出现混乱时，具有勒马的功能[9]。满族学者震载亭曾从前辈听说形带是用来在马上束缚敌人，或随行的随从突然叛变袭击时所用，也是在被俘时自缢来表现忠诚，故又称为忠孝带[9]。

图3-9　形带线描图（笔者绘）

归纳清代“帉”结构特点，一般为两片式或一片对折式，系挂在腰带上，与腰带、銙、装饰、中约、绦、佩囊、燧觿、刀鞘等配饰共同组成清代的腰饰（图3-10）。“帉”在腰带的左右各系挂一组。“帉”大致有三种，一种是朝带佩“帉”，两层扭结系挂在一起，中间装饰中约，上窄下宽为尖角，此种形制用在朝服带上；另外两种分别是吉服带和形带佩“帉”，均无扭结，直接系挂在一起，上下宽窄相同，底部为平角，但在吉服带和常服上整体窄长，而行服带佩帉短而宽。虽然带銙是区分各级官员的等级标准，但“帉”却是区分着装的标志物，为判断着装类别提供依据。

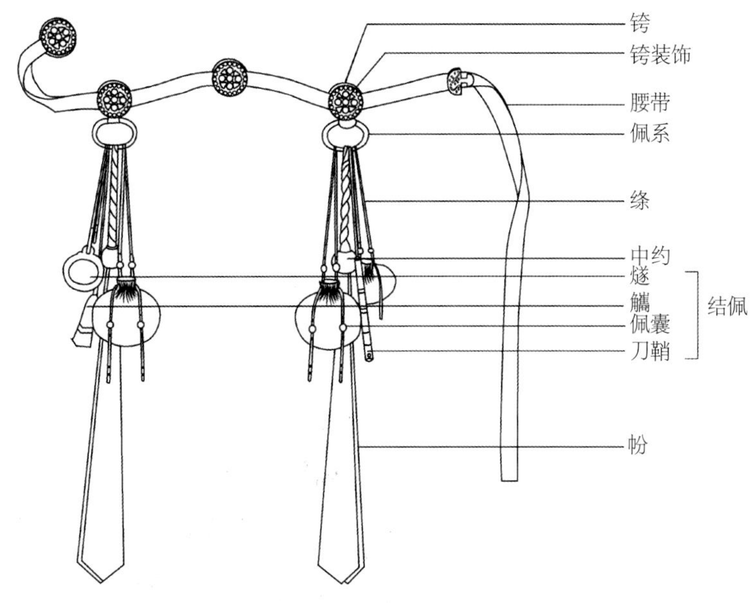

图3-10　朝带形制分析线描图（笔者绘）

在讨论“帉”本身的同时，与它搭配的带銙、中约、配饰也尤为重要。带銙指腰带上的装饰带扣，朝带的带銙是四枚，吉服带的带銙两枚或四枚，行服带的带銙两枚，装饰适宜其身份。清初只有左右两枚用来系“帉帨”之类的，后来在身前增加两枚，仅作美观之用，不垂系物品，圆版或方版用来区分地位等级，圆版等级一般高于方版。忠孝带指在带扣处垂挂蝙蝠顶“忠”“孝”字铜扣的常服佩帉带銙。据清代人徐珂的记载中，左右两块嵌宝石，镀金银，人人都可以用[9]。

中约是指在“帉帨”中间装饰固定用，朝带一般用珐琅绘彩珠子，吉服带用长方形金属镂空中约，形带用香牛皮长方形中约。其他配饰如燧、觿、佩囊、刀鞘等形制没有具体规定，只需材质符合等级即可。

（二）民间佩“帉”

在百姓生活中，自从“汉从满制”，前期汉族男子着明末服装，乾隆时期服用旗装。“帉帨”有着明代时期的式样，随着服饰日趋统一也有满族形式。长时间的民族融合，必然出现民族间的效仿，民间“帉帨”的形制呈现满汉“帉帨”并立的形式，更多地沿袭了明朝“帉帨”单独搭配使用的形式，同时也形成在腰上悬挂各种物件的习惯。

吴友如《古今谈丛二百图》(图3-11)，用风情画的形式记录了清代民间生活场景[10]。民间“帉帨”一般系挂腰带上或者直接用“汗巾”系腰，形似裤腰带的长方形绫巾，也是最贴身私密的物件，不能随意交换，《红楼梦》中宝玉曾将自己的汗巾子给了袭人，写道“肌肤生香，不生汗渍[11]”，足以见得是私密的物件。

图3-11 《古今谈丛二百图》(局部)

至康熙乾隆年间，受到西方文化的影响，眼镜、钟表等西洋物件流入中国，官员、富绅纷纷用上了时兴物件，也有了许多奇人怪事，与“帉帨”搭配荷包、扇套、眼镜套、表套、时兴表链条、红绿坠子、剔牙等十几件叮铃当啷悬挂在腰带上。民间也保留了明代“帉帨”形式，可谓是多元融合，无论官员还是百姓，常用华丽的装饰品标榜自己。

清代民间满族男性腰上系帉，垂挂荷包等物，汉族男性虽然着满族服饰，但是以汗巾系腰居多，与生活习惯、实用性息息相关，腰带显然影响劳作，清末“帉帨”随着西服东渐也逐渐消亡。

二、清代女性佩“帨”

清代女性佩“帨”呈现皇室与民间各异、满汉相容的景象。清代为缓解民族文化冲突，默认汉族女性承袭明代以来的汉族服饰传统，同时保持对本民族衣冠服饰的高度重视，但是在文化相互熏陶的情境下，彼此间影响始终无法忽视。清代女性佩“帨”在后宫命妇和民间百姓中流行，命妇彩帨按等级依样定制；民间妇女传承明代“帉帨”特点，两者分途并存又相互影响交融，形成了鲜明的清代“帉帨”特色。

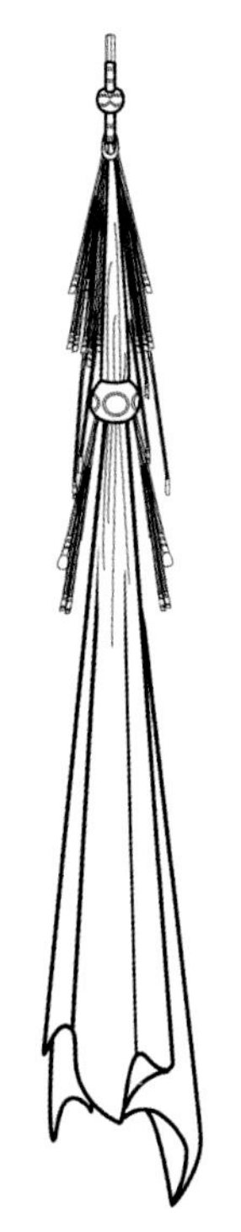

图3-12　清初彩帨形制（笔者绘）

（一）后妃命妇佩彩帨

后宫命妇佩帨巾，因其较男性的“帉”色彩艳丽、绣文复杂，多以绸缎制成，又称彩帨（采帨），常佩戴于女朝服胸前第二颗纽扣上，与朝冠、金约、珥、领约、朝珠等服饰配件构成全套女性朝服，是着装人地位等级的主要象征。后宫命妇佩彩帨又可分为朝服和常服两种。清代初期在朝服与常服中使用的“帉帨”并没有明显区别，白色长手巾上挂有若干条丝绦并束中约（图3-12），根据服装纽扣的位置，可挂在正中位置或右侧，作日常手巾使用（图3-13、图3-14）。

图3-13　清初彩帨（Richard G. Pritzlaff收藏）

图3-14　允禵子弘明福晋（完颜氏）像（弗瑞尔·赛克勒美术馆藏）

生活中彩帨更具有实用性（图3-15、图3-16），在宫廷画师的笔下随性飘逸，不同的衣着有不同的搭配方法。更有趣的是，在宫中不仅成年女性佩“帨”，也有儿童佩“帨”的画面，故宫玉粹轩明间的通景画（图3-17、图3-18）中一身型未足半人高的小公主，外罩藏青色花纹比肩褂，举手投足间珠环玉翠，身侧佩“帨”，俨然一副小大人的模样。宫廷命妇日常佩戴彩帨，与女性的手帕有着相同的作用，也是情感的象征。女儿自古多柔情，手帕传情屡见不鲜。清代虽为满族统治，但清入关之后文化交融，满族女子经常效仿汉族女子的娇弱柔美，形成以帕拭泪形象的审美情趣。另外，也常以“手帕姐妹”来象征着深交的姐妹[12]。

图3-15　乾隆时期画作（局部，荷兰国立博物馆藏）

《皇朝礼器图式》记载彩帨的形制（图3-19、图3-20）上窄下宽，下部呈尖状，上部玉环和东珠下垂挂若干丝绦，丝绦上挂箴管、縏袠、香囊、宝石、铜钱、玉环等小物件，佩巾中间穿珠或扣襻装饰[6]。慈禧太后朝服像（图3-21）清晰展现彩帨形制。

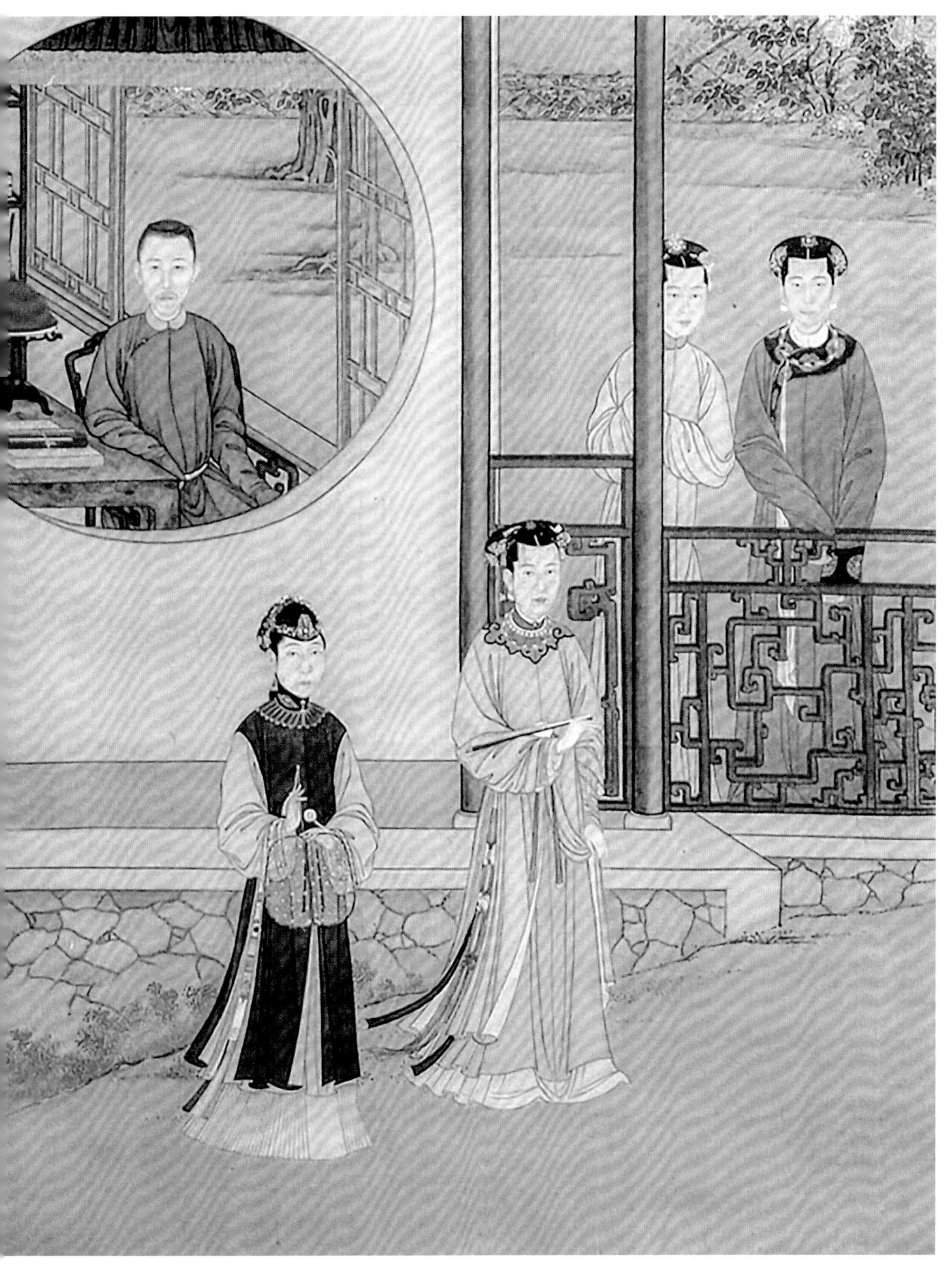

图3–16　雍正行乐图（故宫博物院藏）

图3-17　宁寿宫花园玉粹轩明间西壁通景画（故宫博物院藏）

图3-18　宁寿宫花园玉粹轩明间西壁通景画（局部）

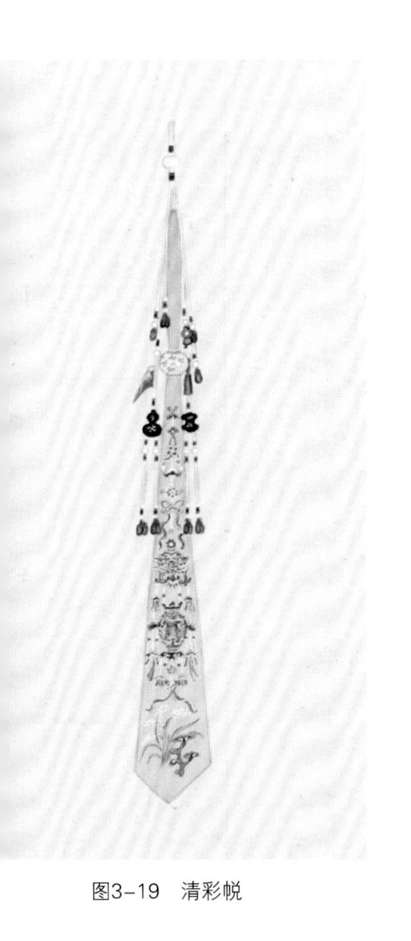

图3-19　清彩帨

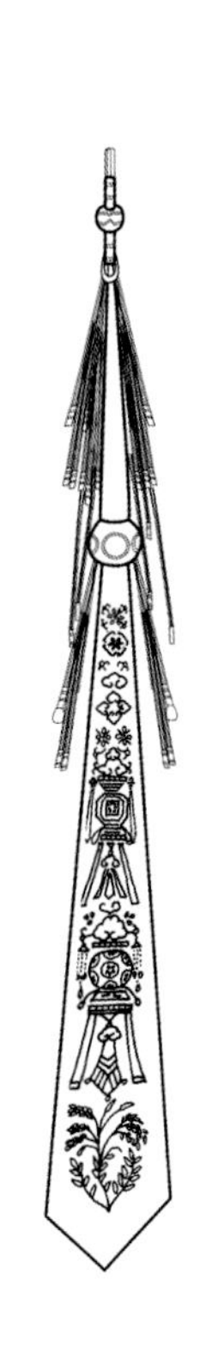

图3-20　清彩帨形制结构（笔者绘）

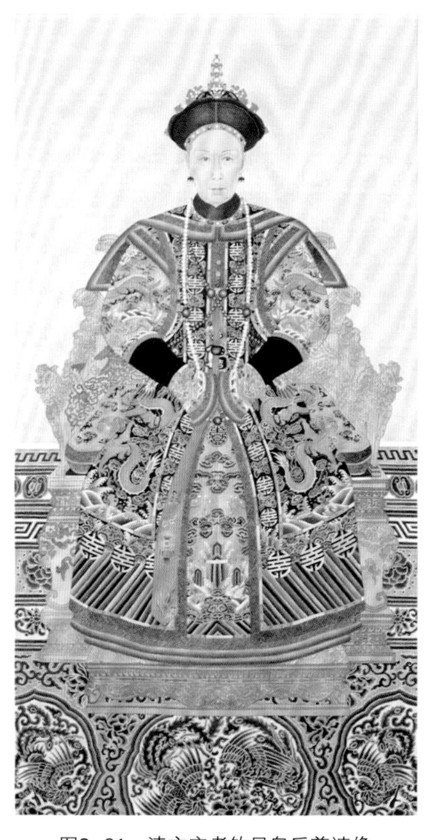

图3-21　清文宗孝钦显皇后慈禧像（故宫博物院藏）

彩帨宽度在不同的朝代也略有变化，清初较窄小，晚晴时期明显变宽。《故宫珍藏人物照片荟萃》记录的照片中，溥仪与皇后婉容、皇妃文秀结婚照片（图3-22、图3-23）上，彩帨式样较以往明显变长变宽，并在下部尖端垂数根流苏。

彩帨配饰与明代“帉帨”配饰结构，一般是山头或花头做总束，下面垂挂珍稀杂宝诸件。后宫命妇彩帨的搭配基本不具有实用功能，仅具有象征装饰性。根据记载有顶针、小刀、解锥、针筒和各式装饰墜角（图3-24）。此为第一层的装饰，根据后妃御容像，彩帨不止一层装饰，层叠的绦丝装饰下垂挂各种奇珍、宝石、实用性明显减弱，清代“彩帨”配饰反映满汉文化融合，既有象征满族特色传统生活小刀、解锥等象征装饰物，来传递不忘本心的意义，又融合汉族女性女红象征物顶针、针筒等。清代中后期追求衣必华美，佩戴在最外侧装饰，日渐只具备含义而无实际的用途，也成为炫耀自己身份的纯装饰性名牌。彩帨制度完善，完全成为身份地位的象征。至晚清时期，“帉帨”结构越发浮华。

图3-22　婉容大婚朝服像（故宫博物院藏）

图3-23　文绣大婚朝服像（故宫博物院藏）

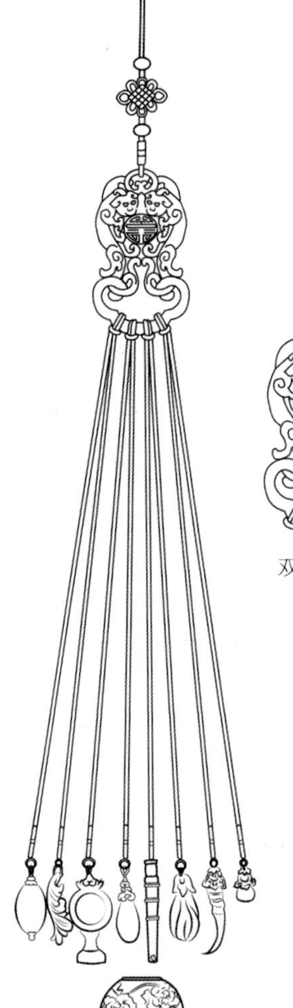

图3-24　清代彩帨配饰（笔者绘）

（二）民间满汉妇人

民间女性佩“帉帨”，又名多宝串，在清代边缘史料中多有记载。清代徐珂《清稗类钞·服饰》记载以珠宝制成剔牙、耳挖及各式配件，用彩丝穿组，悬挂在衣襟的第二个纽扣处[9]。民间的小说《儿女英雄传》第二十八回中写道，安老爷送新媳妇“一条堂布手巾，一条粗布手巾，一把大锥子、一把小锥子，一分火石火链片儿，一把子取灯儿，一块磨刀石，又是一个小红布口袋，里头不知道装着甚么。张姑娘从口袋里拿出来，确是一个针扎儿装着针，一个线板儿绕着线[13]”。“帨”是方粗布湿了洗家伙的。这块堂布叫做“纷”，干着用擦家伙的。这大小两把锥子叫作“大觿”“小觿”，是开个瓶口儿匣盖儿用的。那磨刀石便叫“刀砺”，伺候公婆吃饭磨刀片肉用的。那火镰片儿代“金燧”用，为生火用的……那口袋叫做“鞶袠”里面装针的便是“箴管”，绕线的便是“线纩”，为给公婆缝缝联联用的[13]。“帉帨”一共九件东西，依古礼，姑娘应每日随身佩戴。在满语中“miyamiganfungku”，翻译为“装饰的手巾”，民间多系带实用物件。

如图3-25所示，清代传世物延续了汉族民间“帉帨”形式，装饰物除了耳挖、剔牙等装饰，融合了清代满族佩“帨”的特色，也增加了刀鞘、斧头等武器类装饰品，象征满族民间女性骁勇善战，独具清代特色。从配饰物特点看出，“帉帨”呈现满族的粗犷。汉族女性仍沿袭明朝“帉帨”形制。

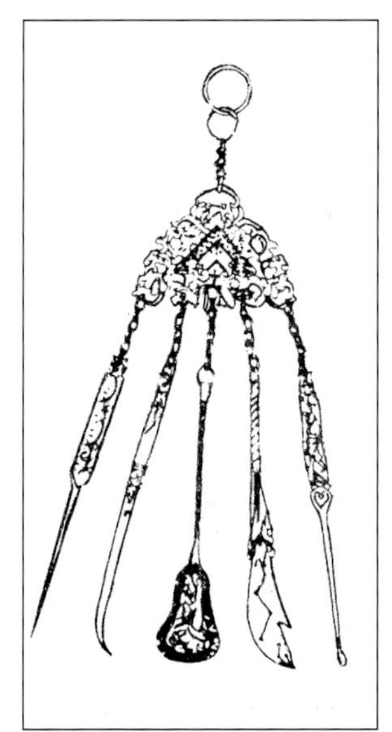
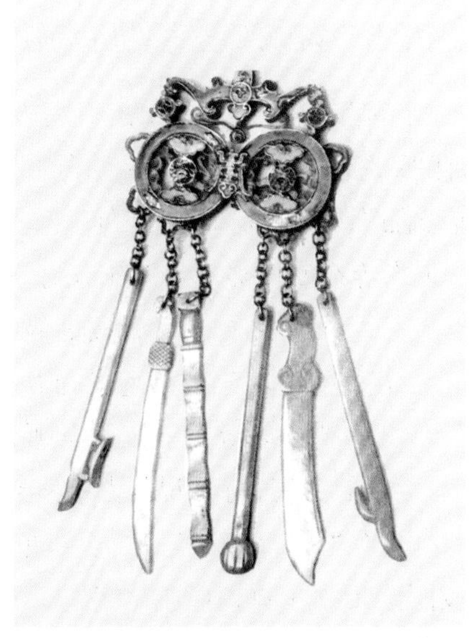

图3-25　清代“帉帨”配饰传世品

晚晴时期，在生活中已很难看到“帉帨”，是否与清末流行“领巾”的旗装整体演变有关尚未考证，《北平风俗类征》记：“今京师妇人领系白娟巾，长垂数尺余”，清后期甚至“以敞衣裳有绣花挽袖加卷领为恭”[14]。晚清满族女性有了新的时尚流行，领部系“领巾”，自然无需佩“帨”。至此，清代女性佩“帨”式样融合满汉的风俗，宫廷由最初长巾垂挂缝纫物件，至清后期彩帨的造型方正、棱角分明、装饰复杂、缀饰大量珠宝，从功能的实用性转变为装饰性，棱角鲜明的造型特征也是皇权的象征。民间妇人无论满汉都有了悬挂此类佩饰的流行趋势，饰物的装饰风格也更加粗犷。

第三节　清代“帉帨”的色与饰

服饰色彩自古就是可视尊卑贵贱物化的产物，朝代的更替常伴随“改正朔，易服色。”清代宫廷中“帉帨”的色彩和图案蕴含强烈的寓意性和等级性。清代“帉帨”的色彩从视觉的直观感受转化为伦理教化上的思维认知模式，是从内心感受表达转化为等级观的文化认知。民间为维持社会等级秩序，有着诸多的规范，是社会政治化的展现，民间“帉帨”除皇家禁忌色彩外，色彩、图案选择更加多样。

一、清代“帉帨”色彩的等级性

清代“帉帨”色彩与服装搭配对比强烈，是为其象征标识性服务。朝服佩帉用月白和白色，佩帨用月白和绿色。与其他服饰品不同的是，它色彩单一，却等级森严，悬挂饰物的丝绦色彩也有等级区分。

佩帉色彩等级制度显现在装饰丝绦以及一些带扣装饰物辅助搭配上，分为明黄色、金黄色、石青色，按等级逐级递减，皇帝用绦一般为明黄色，唯独在祀天用石青色。在色彩的五行中，清代宫廷服饰不论服装还是配饰，都有着严格的等级制度，其服饰搭配追求华丽的色彩，色彩的使用受到了中国传统五行学说与占星卜卦学说的影响，所谓“贵贱有级，服位有等”，将“青、赤、黑、白、黄色”以“五德相生”为原则视作正色，又按阴阳相生相克调配出间色，构成东方独特的色彩体系[15]。清代宫廷图案色彩纯正，黄色是帝王钟爱的颜色，也是皇家的象征，是五行中“土”的代表，象征中央。明黄色是宫廷服饰等级的最高颜色，在祀天时，皇帝丝绦石青色也是对天的敬意，皇帝自诩天之子，自然比天要低一级。

清代后宫命妇佩彩帨及垂系丝绦的色彩是区分等级最直观的标志。其主色分别为绿色和月白色，丝绦色彩等级制度同佩帉。根据《皇朝礼器图式》的记载（表3-2），皇后、皇贵妃彩帨为绿色，丝绦为明黄色；贵妃、妃丝绦为金黄色；皇子福晋、亲王福晋、固伦公主下至郡王福晋、县主彩帨用月白色，丝绦为金黄色；贝勒夫人、辅国公夫人、乡君、民公夫人下至七品命妇，彩帨用白色，丝绦为月白色，七品以下命妇则不许佩戴彩帨[6]。

表3-2 清代彩帨等级

等级	色彩	绣文	绦	配饰
皇太后 / 皇后	绿色	五谷丰登	明黄色	箴管、縏袠等
贵妃	绿色	五谷丰登	金黄色	箴管、縏袠等
妃	绿色	云芝瑞草	金黄色	结佩惟宜
嫔	绿色	无	金黄色	结佩惟宜
皇子福晋 / 下至郡王福晋、县主皆同	月白色	无	金黄色	结佩惟宜
贝勒夫人 / 下至辅国公夫人、乡君皆同	月白色	无	石青色	结佩惟宜
民公夫人 / 下至七品命妇	月白色	无	石青色	杂佩惟宜

根据以上等级划分，清代“帉帨”色彩等级强烈的反差，与其他服饰品色彩不尽相同，绿色在袍服上经常作为贱色，在彩帨上为最高阶级使用。笔者辩证看待其色彩，分析主要原因：绿色绸缎制成的彩帨清新淡雅，从色彩学上说，绿色是自然界的颜色，象征着自然、成长、清新、宁静、安全和希望，与服装搭配有强烈的标识性。

月白色在清代皇家“帉帨”（图3-26）中大量使用，其并非白色，是一种淡蓝色，根据中国传统惯用命名法的自然现象加基本色法得来，形容月亮的颜色。在《天工开物》中记载：“用土靛蓝俱淀水微染，今法用苋蓝煎水半生半熟染”。整体较为柔和，显现纯洁、恬静的感觉。

图3-26 朝带“帉”（台北故宫博物院藏）

图3-27 咸丰皇帝像（故宫博物院藏）

用明度较高的月白色、白色与明黄色龙袍搭配，有着很好的辨识度（图3-27）。另外，凡是宗室均系黄带；觉罗都系红带，也就是俗称的黄带子、红带子。宫中内侍官用纯白色的较多（图3-28）。据记载皇室男性也用鲜艳的颜色，以辨识度为选色依据而非审美，主要用来识别身份。

图3-28　慈禧晚年与宫眷合影（故宫博物院藏）

但在常服和大婚服中例外，讲究和谐的美感，红色或黄色彩帨色彩鲜艳，与大婚吉服整体的色彩相统一，与“囍”的主题相适应。在“帉帨”的传世品种中，色彩比记录在案的要丰富。除绿色、月白，还有紫色、棕色、橘黄、明黄色等。附录表6中列举部分帉帨，与服装款式相搭配。

佩“帨”同时还做到图案与其色彩的统一性。佩“帨”的植物图案常用渐变的表现效果。如牡丹采用红色到白色的渐变效果，蝴蝶、叶片等均采用类似古代水墨画晕染的效果，形象逼真，具有层次感。绣制图案花纹效仿生活中实际的样式加以提练，有自然美感。采用抽象的艺术手法，将所要表现的事物概括凝练，如海水云崖常采用红蓝绿青，色彩达到统一的效果，蝙蝠图案色彩常采用与面料色彩既对比又统一调和的色彩。清代满族是游牧民族，天生有对自然万物的喜爱与崇敬之情[16]。

民间百姓“帉帨”的配色更加随意，除黄色禁忌外，随着社会流行风尚各色均有使用。汉族妇女则随着地域的不同，喜爱的色彩也不同，整体来说北方色彩更加浓郁豪放，南方淡雅温婉。

二、清代“帉帨”纹饰的寓意性

“帉帨”效仿汉族传统服饰图案的吉祥寓意，寄托出美好的愿景。清代佩“帨”的图案题材大致包括植物纹样、动物纹样、吉祥文字及其他类型图案。民间女性的图案题材还包含戏曲故事、宗教物件、文字符号、花卉蔬果等，取材于日常生活妇女最熟悉的故事或事物自由组合，从生活与自然界中提取元素，并根据制作者当时的心境和期望，大量进行艺术化的再创造，不同组合方式呈现多样化式样，有着对美好事物的向往，对神明的敬畏。

在各类“帉帨”装饰中，集中呈现了一种程式化垂直式构图或S式装饰图案与纹样。垂直式庄重肃穆，S式构图轻松活泼。依样定制是其主要的制作方法，如五谷丰登纹样，用稻、豆、稷、麻、麦五种谷物纹样，绣制蜜蜂环绕灯笼飞舞纹样，大婚典礼则在灯笼与其周围绣出“囍”字（图3-29）；

图3-29 “囍”主题彩帨（台北故宫博物院藏）

云芝瑞草纹以祥云、灵芝等构成吉祥图案，常见的还有绣蝙蝠、暗八仙、寿桃、蝴蝶、寿山福海、海水云崖、磐石、菊花、月季、琴、棋、书、画、字等各类图案，寓意福寿万代、喜庆如意、芝仙祝寿等。

清代佩“帨”图案的寓意性既包括图案本身的寓意性，又包含图案等级的特殊属性。清代的纹饰“图必有意，意必吉祥”，大多采用动植物等图案形象，通过隐喻、双关、象征、谐音等手法，寄予对未来美好生活的期望[17]。如凤穿牡丹，凤为百鸟之王，牡丹亦为花中之王，象征着皇后、皇贵妃人中龙凤，富贵呈祥，凤穿牡丹也视为夫妻恩爱，百年好合，是祥瑞、美好、富贵的象征；五谷丰登表达了国泰民安，天下太平百姓安居乐业，风调雨顺的美好生活；琴棋书画纹样是对女子才情的美好寄予。这种手法来源于中国人习惯讨个好彩头，通常利用汉字谐音，或者通过动植物的本身形态，托物表现象征意义。如蜜蜂取“丰”的谐音，灯笼取“登”的谐音，组成“丰登”，粮食富足是国力强盛的基础，统治阶级希望来年国家五谷丰登、百姓生活安康，显露皇后、皇太后母仪天下，关心天下民生。蝴蝶纹样在清代宫廷彩帨实物和民间刺绣中有大量使用，其形态优美，千姿百态，是美好吉祥、幸福美满的象征，“蝴”与“福”谐音，也被认为是福禄的象征。“蝶”与“耋”谐音，用蝴蝶送老人，象征老人健康长寿。无论是宫廷还是民间动物纹样、吉祥图案，除仿照自然生活形态，更多是一种写意的手法，抒发佩戴者的情感。

彩帨图案等级性来源于中国古代以礼法治人来维持封建统治制度，礼法制度即为等级制度[18]。在彩帨图案中利用图案种类的不同，赋予其神圣、美好、吉祥、高贵的寓意来区分不同的身份等级。寓意着即使是统治阶级也依旧有明确的细分，丝毫不可僭越。统治者使用的图案视觉上更加突出，显示极高的政治地位。物以稀为贵，皇家使用纹饰多采用灵芝、祥云、海水云崖等图案，象征山河永固，万世升平，统治阶级坐拥天下珍宝，强烈的装饰效果也体现了权利的象征。总的来说，佩“帨”的图案色彩不拘泥于自然万物的真实写照，也有着清代宫廷独特的色彩表现和审美需求。

第四节 清代“帉帨”的材与质

从清代“帉帨”材质来看，它早已远离实用功能的早期阶段，自然在装饰杂佩上多玉石、珐琅等奇珍异宝。清代的纺织技术进步，面料种类也愈发丰富。

一、清代“帉帨”的面料

清代的面料纺织技术早期由女真人发展而来，女真人擅长麻纺织技术，生产出许多粗布新品种，“土产无桑蚕，维多织布，贵贱以布之粗细为别”[19]，然而纺织技术不成熟、规模小，不能满足日常所需。满族长期以来依靠战争掠夺或者物物交换的方式来满足日常纺织品所需。自清太祖努尔哈赤大力发展纺织技术，重用纺织人才，“精细绢帛，亦尝制造”[8]。清代早期“帉帨”多为纯白高丽布，其面料、颜色、种类有诸多生产限制。高丽布是一种由高丽国引进而来的布面织法，布面纵向辨纹，织物组织较粗糙、松散，纱纹凸起，质厚耐久，韧性良好。

清代中期效仿明代在江南一带设立“三织造局”，内务府设置内务府染织局，中期“帉帨“由内务府染织局呈贡，随着江南三织造日渐替代内务府织造局，江宁织造局负责织造龙袍、缎匹、丝绸、帛等上等物；苏州局负责根据画样刺绣以及布匹采买等项；杭州局负责纺丝绫、画绢、各色杭州丝线等[20]，共同承办皇室所需的锦、缎、绸、帛、罗等纺织品，纺织技术代表全国最高水平。中期以后，“帉帨”纹饰与面料日趋增多，唯独在行服带上“帉”仍用高丽布制成，因其结实耐用、朴实无华。“帉帨”以绸、缎、绢等为绣纹做底，交由三织造提供绸缎清单，均着重强调“务需颜色鲜明、质地坚厚”[21]。宫廷对面料品质有极高的要求，其中大部分是绸类，因绸类属于桑蚕丝，反射光线较为柔和。缎类因其是织物中色彩最为绚丽的，织造技艺复杂，经线或纬线浮长，表面平滑、质地柔软，纹路精细。而绢是一种历史悠久、质地紧密、轻薄的平纹织物，也用来制作“帉帨”。“帉帨”面料材质不同与其搭配的服装也不同。

二、清代“帉帨”的配饰材质

清代“帉帨”的官服等级制度，主要依照不同身份等级对应相应的配饰来确立的。因佩饰的材质通常选用珍贵稀有的珠玉杂宝，因此只有等级越高的人可以享有珍贵的配饰。在选择材料时通常不考虑实用的因素，却能反映民族的审美意识[8]。清代“帉帨”佩饰种类丰富，按照地位等级，男性带銙的材质依次可分为纯金、金衔玉、镂金、银衔镂花、银衔玳瑁金、素银、银衔明羊角、银衔乌角等，带銙上装饰分红宝石、蓝宝石、绿松石、猫睛石、东珠、青金石、黄玉、珊瑚、白玉等，边缘处围绕珍珠，不同的是行服带采用香牛皮制（图3-30）。佩囊即荷包，宫中一般为批量系列定制，根据每一系列款式的要求选择面料。而民间佩囊一般用制作服装的边角料来制作，没有具体面料限制。此外，清代皇室宗亲系挂佩刀、牙签筒、火镰盒等以金银制外壳，搭配装饰珍珠、宝石等，材质与带铐呼应（图3-31）。女性佩"帨"配饰多用玉石、珊瑚、珐琅、水晶等价值高昂的饰物。水晶顶针、银母鞘珊瑚靶小刀、珊瑚解锥，无一具有实用性。特别是女性配饰的小刀，只具有纯装饰性外形。

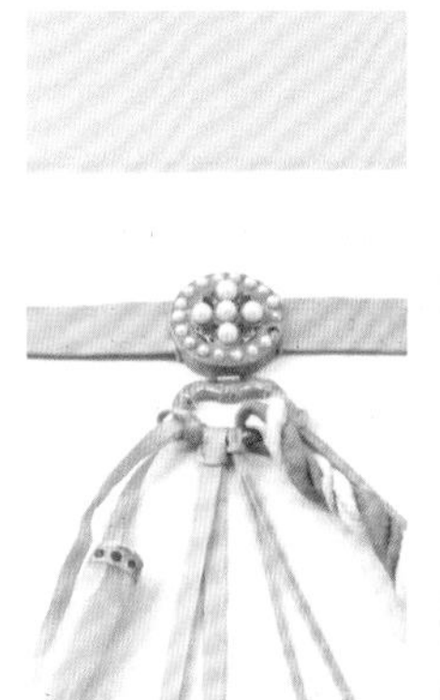
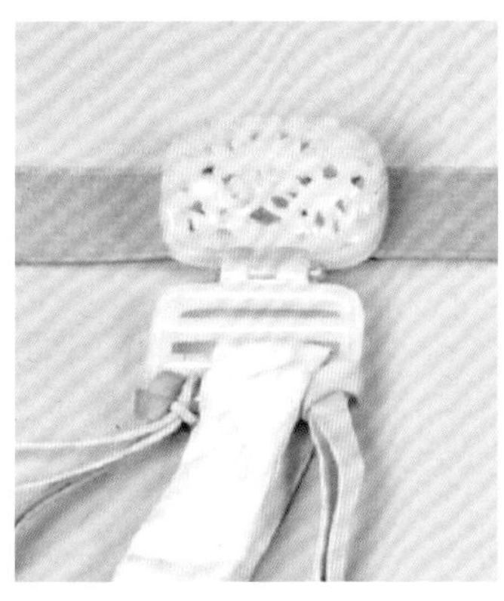
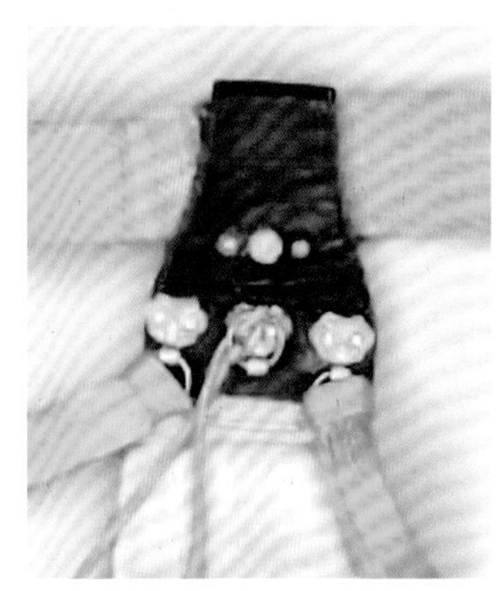

图3-30　带铐（故宫博物院藏）

图3-31　"纷"配饰

第五节 清代“帉帨”的时尚

不同的民族文化、生活习性乃至居住环境都对服饰时尚有着不同程度的影响。日本学者藤竹晓认为：“时尚不仅是某种思潮、行为方式渗透于社会的过程，而且通过各种渗透的过程，时尚队伍的扩大，还包括不断改换人脉的价值判断过程[22]。”清代“帉帨”流行呈现自宫廷到民间的趋势，同时也受到汉文化的影响。皇室、官员、命妇间地位有明确等级区分，百姓继承明代“帉帨”，又有满族特色。

一、清代“帉帨”的流行脉络

凭借时尚总是具有等级性这样一个事实，社会较高阶层利用时尚使他们和较低阶层区分开来，经常会创造一些与自己所属群体个性更鲜明的审美趣味和审美理想，一般都是赋予各种事物以特定的审美符号，而且将这一符号作为区别于其他群体的一种标志[23]。如果从时尚的分化性来看，清代统治阶级意味着以服饰等级制度为特征的社会阶层分化，使上层阶级更加聚合。

要分析清代“帉帨”流行脉络，首先要了解它的演变，它源于满族先祖，诞生于广阔草原，是服饰中最自然的流露，呈现自然随意粗犷的状态。清代“帉帨”虽是满族对先祖生活崇敬的展现，但随着建立服色制度，观感上已完全具有汉族服饰品的特点，并且用绨丝绸缎面料制作，配饰用金银珠宝制成，已失其本意。清代宫廷“帉帨”改变其原有的形制、色彩以及使用方式，它的经营位置、结构、色彩、纹饰均反映着装者地位等级，在图案上承袭了汉族服饰图案的吉祥寓意，其构建美的形式、程式化的设计也是阶级分化的鲜明标志。

在社会发展中，社会群体在其拥有本源群体的归属感外，也常伴随对僭越社会阶层的效仿。清代民间“帉帨”与明代相同是上层阶级建立美的“样式”浸润的必然结果。民间“帉帨”承袭明代形制和使用方式，同时清代皇室建立“帉帨”的等级制度和奢华的造型设计也引来社会效仿。民间仿照宫廷所制样式，也称“宫样”，通过“宫样”展示家族或个人地位等级、社会影响、荣誉和审美观。《红楼梦》中常见到宫样布匹、宫绦、宫花等，可见当时社会对宫廷时尚的效仿。

满族入主中原易服更张，清政府对原有社会秩序的解构与重塑，传达了满族文化的强压，并对汉族男性服饰产生了影响。清代风情画中男性佩帉式样清一色为下端为尖角，与佩帉形象相似（图3-32）。女性佩“帨”以山头或花头做总束，再垂系各个装饰品，虽与沿袭下来的明朝“帉帨”搭配形式相似，但民间“帉帨”传世品已有强烈满族风格，呈现满汉交融的特点。在清代小说中“帉帨”出现明显减少，与其进入朝服系统有着极大的关系。

图3-32 《古今谈丛二百图》（局部）

总的来说，清代“帉帨”传播呈现“上行下效”的时尚传播规律，它凸显了清政府对服饰等级差异化的需求，寻求区别于汉族服饰个性的展现，也是强烈的群体归属感的需要。但也不可避免受到汉族文化纹样、形制、等级制度的影响。民间受满族服饰文化浸润是肯定的，装饰风格有粗犷美的态势。“帉帨”进入朝服系统，在某种程度上也限制了流行发展。

二、明清“帉帨”时尚对比

明清“帉帨”的式样与佩戴方式的改变应该被当做社会变迁来看。“一个时代，或一个时期中，人们崇尚和追求的东西如同一个时代的‘晴雨表’，预示着社会的变迁和发展的征兆[23]。”

对比明清“帉帨”时尚需要先辨别它们的异同。从明清“帉帨”的形制与功能来看，明代“帉帨”以配饰设计为主，结构设计精巧，具有清洁、熏香实用功能，是传达情感、审美品位的象征，主要在亲王、官员、士人、商人及其妻妾间使用。清代“帉帨”以佩巾设计为主，在皇室宗亲和官员中使用，以装饰性和地位等级象征性为主要目的。明清“帉帨”形制不同，反应不同的社会需求，明代造物以人为本、从功能性出发，清代是以社会地位为基础，崇尚繁复装饰美感，不论从形制、实用功能上来讲，清代“帉帨”是以失去实用性为代价的。

从明清“帉帨”的色彩与纹饰来看，明代“帉帨”色彩搭配反映使用者审美和场合需要，日常生活中“帉帨”大多艳丽，反映民众尚奢的心理需求，贵族追求素雅风，丧葬文化中多为白色。清代宫廷“帉帨”色彩强调与服装搭配的对比与和谐，具有强烈的寓意性、识别性和等级性；民间为维持社会等级秩序，有着诸多的规范，是社会政治化的显现，民间形制与明代相似。明代纹饰一般是面料织造出花纹，配饰装饰性花纹较多，题材丰富多样，反映着装者对生活美学的追求以及生活品质。清代后期刺绣装饰、纹样布局程式化，讲究“立象以尽意”，题材都以花卉植物类为主，相比较而言，清代“帉帨”更加繁缛。

从明清“帉帨”的材质来看，明代以绫织物为主，清代以绸为主，这与所处时代的面料织造工艺和流行有很大关系，清代女性的“帉帨”为求华侈甚至用到缂丝面料。明代配饰材质应用多以玉、金、银、铜等材料为主，而清代更多用象牙、牛角、玉，并且装饰珍珠、宝石、珐琅等。

从明清“帉帨”的流行趋向来看，明代的流行趋向是由士人阶级营造的“儒雅”“新奇”实用家居设计方式，在官、世家、士人、商人等中流行。清代的流行趋向是自上而下并与汉族民族文化交融，皇家服制在百姓中偶有僭越行为，其奢华的生活方式，对丝绸面料、稀有玉器材质的追求，不可避免影响到下层阶级。服饰礼法制度也影响“帉帨”流行广度。皇室“帉帨”的色彩、纹饰、等级制度也是汉化的表现。明清“帉帨”展现出完全不同的流行趋向。

总之，每一朝代都有具有时代特点的服饰印记，由统治阶级思想、社会风俗等诸多方面决定。明清“帉帨”的流行不管是“下行上效”还是“上行下效”，这些都是在满足不同阶层的差异倾向和自我凸显的同时，将最初不同阶层分明的时尚，在流行的过程中由分离到聚合的发展规律。它是基于传统社会，对原有社会秩序打破后，建立新的服饰制度观念由严苛到瓦解过程的外在呈现，是人们追求理想生活的表达，反映了社会的时代观念和崇尚的社会精神，是时代最真实、最直接的历史载体。

---

[1] 叶梦珠. 阅世编[M]. 北京：中华书局，2007.

[2] 杨士聪. 台湾文献史料丛刊第五辑. 研堂见闻杂记[M]. 台北：台湾大通书局，1984.

[3] 王正书. 上海陕西北路发现清墓[J]. 文物，1987(9)：95−96.

[4] 史学谦，金太顺. 依兰县永和、德丰清墓的发掘[J]. 黑龙江文物丛刊，1982(1)：12−21.

[5] 福格. 听雨丛谈[M]. 北京：中华书局，1984.

[6] 允禄，等. 皇朝礼器图式[M]. 扬州：广陵书社，2004.

[7] 中国文物学会专家委员会. 中国文物大辞典[M]. 北京：中央编译出版社，2008.

[8] 于雪. 满族服饰技术发展的文化学研究[D]. 沈阳：东北大学，2016.

[9] 徐珂. 清稗类钞（第十三册）[M]. 北京：中华书局，1986.

[10] 吴友如. 古今谈丛二百图[M]. 长沙：湖南美术出版社，1998.

[11] 曹雪芹. 红楼梦[M]. 北京：人民文学出版社，2018.

[12] 殷百钢. 手帕史话[J]. 科技文萃，1994(9)：107.

[13] 文康. 儿女英雄传[M]. 北京：中华书局，2013.

[14] 崇彝. 道咸以来朝野杂记[M]. 北京：北京古籍出版社，1982.

[15] 张思远. 服饰色彩研究[D]. 保定：河北大学，2008.

[16] 朱晓炜. 清代宫廷服装图案历史追溯及色彩传承[J]. 兰台世界，2015(24)：89−90.

[17] 周荣梅. 从符号学角度解析清代服饰图案[J]. 中国科技信息，2012 (22)：141.

[18] 许哲娜. 中国古代等级服色符号的内涵与功能[J]. 南开学报(哲学社会科学版)，2013 (6)：93−101.

[19] 曾慧. 满族服饰文化研究[M]. 沈阳：辽宁民族出版社，2010：19.

[20] 范金民. 清代前期江南织造的几个问题[J]. 中国经济史研究，1989 (1)：81.

[21] 叶志如. 乾隆年间新疆丝绸等贸易史料(下)[J]. 历史档案，1990(2)：14−23，72.

[22] 藤竹晓. 废弃与采用的理论[M]. 东京：日本诚文堂新光社，1966：104.

[23] 袁愈宗. 都市时尚审美文化研究[M]. 北京：人民日报出版社，2014.

第四章

素笺浮华：明清『帉帨』文化意蕴

文化指人类在实践过程中所创造的意识形态总和，包含物质财富与精神财富。在明清社会，长期礼教与生活习俗使个体文化形成共同的意识，成为约定俗成的民俗文化语意[1]。文化又兼具民族性，通过民族文化发展，形成民族传统。随着明清民族文化的产生与发展，不同民族居统治地位也促使民族间的互斥与融合产生。

“帉帨”集中体现包括礼俗、民俗、风俗等行为文化层面和价值观、审美文化情趣、社会心理意识等心理文化层面，富含多种文化寓意[2]。若将“帉帨”作为一种包含骑射文明与汉族文化意蕴的产物，探究其文化内涵，则不妨分别从民俗文化语意和民族文化诉求谈起。

第一节 明清“帉帨”民俗文化语意

民俗文化语意即通过使用物品来传达个人的情感，呈现个人地位、经历、情趣、志向和爱好，在服饰上表现得尤为突出。明清“帉帨”映射着使用人群的情与礼，传递着使用者的情感，显示他们的社会等级和对奢华生活的向往。清代“帉帨”还显露了满族对先祖生活的崇敬、不忘本的文化诉求和政治地位的彰显，有着丰富的民俗文化内涵。

一、“帉帨”传情达意的媒介

传统服饰用静止的艺术语言传播着对美好生活的思想和感情，深深根植在人们的思想意识里 [3] 。以“帉帨”为媒介，用来作为定亲、寄予情感的工具，传达母亲对女儿寄予、女红象征、男女间情感的表达，也是文人骚客对美的追求。“帉帨”在某种意义上来说，它将人与物之间的情感连接起来，并寄托相思、友爱之情。

（一）系属于人

“帉帨”一个重要的用途，即《仪礼・士昏礼》记载迎亲当日，新娘随迎亲队伍离开母家时，母施衿结帨道：“勉之敬之，夙夜无违宫事，庶母及门内施鞶，重申父母教诲，敬恭听，宗尔父母之言，夙夜无愆，视诸衿鞶[4]。”母亲为即将出嫁女儿系挂帨巾，示意系属于人并寄予深深期望，希望能成为贤妻良母；庶母为其配衿鞶，用囊袋装帨巾之类，是敬奉公婆的典范。“帉帨”是告诫女儿成婚后要做到“妇德”的物化体现。《礼记·昏义》：“教以妇德、妇言、妇容、妇功”，妇德排在首位可见其重要性，妻子履行家庭责任，提醒时刻听从公婆和丈夫的话，不违背姑舅的教导，约束自身，不给夫家带来灾难以确保“两性之好”维系[5]。明代徐士俊《妇德四箴》对“妇德”有明确的描述：“为妇之道，在女已见。幽闲贞静，古人所羡。柔顺温恭，周旋室中。能和能肃，齐家睦族。”“帉帨”承袭千百年来“妇德”文化传统，垂系针筒、剪刀等物也是“妇功”代表。女性为家族成员提供生活必需的衣物，是自尊和确立在夫家立足自我地位的需要，象征着女性贤惠端庄。同时也通过缝补、刺绣寄托女性绵绵不断的情感、对爱情无限向往和未来美好生活的憧憬。

（二）绵绵情意

婚姻自古在人的生命历程中起着重要的作用，古代男女间的情感互动一向比较隐秘，孔子曰：“好德如好色，诸侯不下渔色，故君子远色以为民纪，故男女授受不亲[6]。”男女间常要依靠互赠信物委婉地表达，明朝中后期“尚情观”出现使“情”与“欲”合理化，女性更大胆地追求自身的幸福，敢于反抗父母之命媒妁之言，坚持己见。

“帉帨”也是传递情感的工具，男女间“帉帨”交换也被视为双方情感默许的信物，男子若是私藏某女子的帨巾，即会被认定存有私情。《金瓶梅词话》中“帉帨”共出现三十六次，像纽带一样贯穿全文。

二、“帉帨”崇尚奢靡的彰显

明代中后期以来，茶馆庙会等一系列娱乐业发展，刺激商品经济发展。城市人口流动性加强，贸易往来密切，尤其是船运业贸易发展迅速，奢靡之风在全国蔓延。

（一）物欲享受

随着明代社会经济发展，士人与官绅追求时尚与统治阶级消费禁令，是社会需求调节的两极[7]。奢侈品消费是以官绅、世家为代表的消费群体，追寻来自士人“雅”的物境，营造和效仿皇家珍饰华侈，消费刺激了资本主义经济发展，打破传统“士农工商”的等第排序，商人纷纷开始穿金戴银、绫罗绸缎，极尽华丽奢侈。以市民阶级为主体，以趋新慕异、逾越礼制为特征的服装现象，打破了明初以来“人遵画一之法”的服饰面貌。市民文化的兴起促进了审美思想向城市转型[8]。奢靡之风的蔓延以江南地区尤为突出，晚明的社会风气已完全沦为“重衣不重德”。《金瓶梅词话》中描写购买、赠与、偷盗“帉帨”（汗巾子、金银事件）情节比比皆是，兼有官僚、恶霸、富商身份的市侩势力的代表人物西门庆整个家族都沉浸在物欲享受中，沉溺于所谓梦一般的享受的鬼蜮世界。服饰“消费禁令”被打破，人们突破对美、时尚、地位和所处阶级的消费壁垒，乃至妇女也开始佩戴时兴式样的饰品。长期被禁锢的思想、情感、欲望爆发，人性的欲望促使社会经济发展，经济发展也反过来促进消费。

这种崇尚奢靡的思想影响包括服饰在内的各个方面，并且通过服饰彰显个性。在经济刺激下汗巾种类繁杂，并随着装饰品以及装饰手法的不同而不同。如在《金瓶梅词话》第五十一回，陈经济要替妻子西门大姐、李瓶儿、潘金莲买汗巾中写道：“一方老金黄销金点翠穿花凤汗巾，一方银红绫销江崖海水嵌八宝汗巾儿，又一方闪色芝麻花销金汗巾儿、一方玉色绫琐子地儿销金汗巾儿、一方娇滴滴紫葡萄颜色四川绫汗巾儿，上销金间点翠、十样锦、同心结、方胜地儿，一个方胜儿里面一对儿喜相逢，两边栏子儿都是璎珞出珠碎八宝儿[9]。”形制色彩种类繁多，江崖海水纹等随饰的珠宝，装饰手法极其繁盛，僭越之风盛行。

（二）炫耀性礼物

“帉帨”反映奢靡风尚还反映在炫耀性礼物方面，是等级尊重认可的交换。以礼物形式附带不同的情感流动在社会关系中，是明清妻妾取悦丈夫、打赏下人的工具。晚明时期小说《金瓶梅》中，官宦人家大量使用“帉帨”等物打赏下人、物物交换，并且详细描述一方“帉帨”值多少银子，文人士绅才艺降格，成为用金钱衡量炫耀展示的工具。有闲阶级和达官贵族通过炫耀性的消费，使自己有别于其他阶层[10]。明朝小说《梼杌闲评》第四回也有以礼物形式送予对方的场景，“却是一条白绫洒花汗巾，系着一副银挑牙”[11]。《伦敦新闻画报》第2卷，第48号杂志记录晚清一个中国纨绔子弟的穿着与欧洲任何一个皇宫里穿着讲究并没有区别，时尚在这也有追随者。他身穿昂贵的丝绸衣裳，脚蹬南京产的黑缎靴子或鞋子，腿上套着刺绣护膝，头戴样式精美的帽子，上面还有漂亮的顶戴，怀里挂着英国金表，一只手拿着用珍珠穿着的牙签，一只手摇着南京出产的檀香扇，而且还有身着丝绸衣服的仆人跟在身边，供他使唤[12]。清末如此穿戴时兴式样和装饰品是社会风尚的映射。“帉帨”不论从形制到使用群体，以及使用方式均是时代奢华风尚的彰显。同时清代“帉帨”此类针黹活计一直是万寿节、千叟节、春节、端午节等重大节日时皇帝赏赐大臣的礼物，是拥有者在他人面前的赠予，有一种拥有财富和彰显地位的虚荣心。

三、明代“畍帨”的“礼”与“雅”风格引领

从物质文化角度来看，“畍帨”作为物品附载道德和情操。明代“畍帨”作为一个官宦、文人、商人甚至女眷争相追捧的装饰品，恰似一面镜子折射出明代社会别样的社会生活方式和审美情趣。明代社会儒家思想与礼俗作为一种重要的文化现象，将整个社会的生命个体加以社会规范和生命化标识。社会主要消费群体除官僚、商人，往往忽略了士人阶级作为上层阶级的边缘人物，常具有引领社会风尚的作用。在政治、经济、文化的共同作用下沿袭、发展和演变，“畍帨”的精致形制反映男性以“礼”作为行为准则，注重礼仪文化和对“雅”的追求。

（一）礼之本源

“礼”作为古代正统思想，体现素笺慎独与去浮存真的价值观。人类社会的进步与发展离不开社会制度与文化的推动作用，它需要制度文化的维护和精神文化的化育。士人在社会交往活动中强调社会的整体性，处事温和、圆润、阡陌如玉，追求社会严密的礼制秩序和社会伦理道德。明初的士人表现高尚的道德修养与情操，“文质彬彬，然后君子”成为当时士大夫在生理、心灵、伦理、个体与群体关系的和谐统一追求。

明代“畍帨”与服饰整体、社会环境相互作用，在举手投足间，佩饰作为“礼”中温和圆润的象征物，表达情意与志趣。佩饰如同语言一样，其文化意蕴和审美意味，都是着装者内在品格的彰显。新的城市化进程影响当地的服饰时尚潮流，士大夫崇尚礼教，凡所用均为儒雅之物。

（二）雅之风格

“雅”是指儒家倡导的中正平和、合乎礼仪、典雅纯正的中国古典的审美风格。明代初期士人无论是在政治见解、与人交际还是修身养性等方面都追求儒雅、闲雅、风雅、清雅、幽雅等气格，他们抛脱世俗的眼光，寄情于文玩欣赏，摆设、品评[13]。明代士大夫具有两面性，一方面是公然地欣赏世间声色，生活浪漫，放荡不羁；另一方面，在生活的品格方面追求雅致，正如《长物志》中所说明代中期以后，士大夫以儒雅的方式礼尚往来、品评字画、瀹茗焚香、丝竹管弦、遴选奇珍异石，无一不静，而当时的骚人墨客皆擅长品题，玉敦珠盘，辉映坛坫[14]。他们从生活的方方面面构建儒雅的生活方式。

明代城市文化兴起，产生雅俗不二的审美倾向，雅中有儒家之中正、道家自然韵味、佛家“中观”禅理，形成“内雅”的观念和世俗不媚俗的生活习惯与“雅趣”的状态。“帉帨”是男性日常使用修颜、剔牙等卫生小工具，但此类物件又是不洁不雅的象征，将“不洁不雅”的生活物件制作得精致华丽正是文人“内雅”观的显现，含蓄流露了文人对器物之美的追求。明代“帉帨”有着慧心巧思的手工技艺构造，具有功能美。它是士绅阶级日常生活中的把玩物品，又是标榜自己具有高雅艺术情操和精致生活的象征。另外，“帉帨”由于制作材料、工艺价格高昂并不是平民百姓日用品，是一种奢侈品。士人在尚雅的同时也有了尚奢的风尚，“帉帨”配饰结构设计用金、玉等奢侈的材料制作，即使银制也大多镀金，营造非普通百姓能追赶奢侈时尚。

四、清代“帉帨”的多重别样意蕴

（一）等级地位的象征

“帉帨”反映等级地位的象征性，即体现在清代皇室官员服饰等级制度的建立，也显露在明清时期士人、文人、商人兴起新的物境等级，彰显身份和审美来提高社会地位。

清代“帉帨”是地位等级的象征，以特定的面料、形制、色彩、装饰物的质料赋予其神圣、美好、吉祥、高贵的寓意，用来区分不同的身份等级，即使是统治阶级内部也依旧有明确的细分，丝毫不可僭越。清代男性佩帉，通过带銙的数量、材质、垂饰丝绦色彩的不同，辨别“帉帨”地位品阶；女性则通过上窄下宽、下端为尖角的形制，和绿色、月白色、白色的色彩区别以及纹饰不同区分等级，是中国传统服饰“见其服而知其贵贱”的反映。中国古代以礼法治人来维持封建统治制度，有着明显的专治色彩，即是统治阶级对被统治阶级从物质到精神的束缚。皇族宗室建立稳固政治中心，通过服饰制度维系统治地位等级，是实现社会控制的强有力手段。

通过服饰知地位尊卑，可以评判人生功业，也加强了对社会的指导和控制[15]。其次，随清政府适应中原生活，服饰奢华随之产生，皇室官员常佩戴繁缛装饰“帉帨”等针黹活计，后妃的彩帨更不必说，珠玉杂宝纷繁复杂（图4-1）；民间广为流行的多宝串也是“帉帨”的一种，指各种珍贵装饰品连接起来的佩饰。无论是皇家还是民间，都力图用“帉帨”此类奢侈品构建个人与众不同的地位和审美情趣。

图4-1　清代“幐帨”配饰（私人收藏）

（二）自然崇拜

满族佩戴“幐帨”来源于游猎的生活方式，“幐帨”可谓是生活必备的物件。对天地先祖的崇敬是清代“幐帨”特有的民俗文化内涵。满族先祖靠天吃饭，满族佩戴“幐帨“展示出对大自然的认识、与自然物的关系。人在与自然相处的过程中接受来自大自然的馈赠，同时也要承受天灾，对天地万物报以崇敬和敬畏之情，“天人交感”也是中国思想的特色，在中国古代人民的思想中深深根植“天人合一”的观念，相信天地有灵，气候的变化反映了人们的生活行为，祈福、预测福祉成为帝王乃至百姓生活重要的一环。甚至在16、17世纪，他们用动物、矿石、属相、山川等自然界事物给子孙起名，希望子孙能够茁壮成长，生生不息，像矿物、山河那样坚定雄伟，这些都是自然崇拜的表现[16]。

皇家祭祀时朝带上“帉帨”也正体现这一思想，“祀天用青金石，祀地用黄玉，朝日用珊瑚，夕月用白玉”，尤其在祀天时，垂绦也降一级改用石青色。清代皇室“帉帨”不同的材质对应不同的寓意，都有着对天地的崇敬之情，这种敬奉天地的思想在封建社会有着很深的影响。

（三）勿忘先祖之情

中国亲缘关系的维系，靠着父父子子孙孙的线性结构，国有祖制，家有家训。中国人追求时间上的不朽，立德、立言、立功、家庭伦理纲常、传承先祖的遗训是连接整个家族乃至民族、国家的纽带。清代的家庭结构以家族的大家庭构成，其次才是小家庭，其中包含联合家庭，人口众多，结合方式也更加复杂，讲究亲缘关系，来维持满族纯正的血统[16]。

尤其是清代满族又称为马背上的民族，早期靠打猎为生，生活习俗的改变，使这些佩挂物失去原有的实用性，“帉帨”也演变成类似领带的纯装饰物。太祖告诫子孙后代不忘先祖、不忘自己是骁勇善战的骑射民族，勿被汉族同化，居安思危，长保本民族服饰文化。后世子孙的昌盛也依靠着先祖的阴德庇佑。无论明清的皇室还是普通家庭，传承祖制是极为重要的一环，男性传承祖宗家法，在仕林中有所建树，清代“帉帨”正是满族牢记祖先遗志的彰显。

（四）忠君爱国之情

清代满族佩戴“帉帨”与腰带相连接扣环处雕刻“忠”“孝”两个字，又称为“忠孝带”（图4-2），是表达臣子忠君爱国之情的物化体现。这一思想来源于中国“家国同构”的传统宗法思想，“国”在结构上与“家”一致，也是中国古代社会地缘政治、等级制度等社会结构始终不能完全独立于血亲——宗法关系的关键因素[17]。

早在周朝即有“危身奉上曰忠”的家国观，千年来在中国封建思想中产生重要影响。在封建国家体系内，封建君主认为“天下”即“家”，视自己是“天下”的“家长”，拥有绝对的权力。臣民绝对服从君主，并且作为国家的成员，国家的兴衰关乎到个体的祸福安康，自然就有了对国家的归属感，常将自

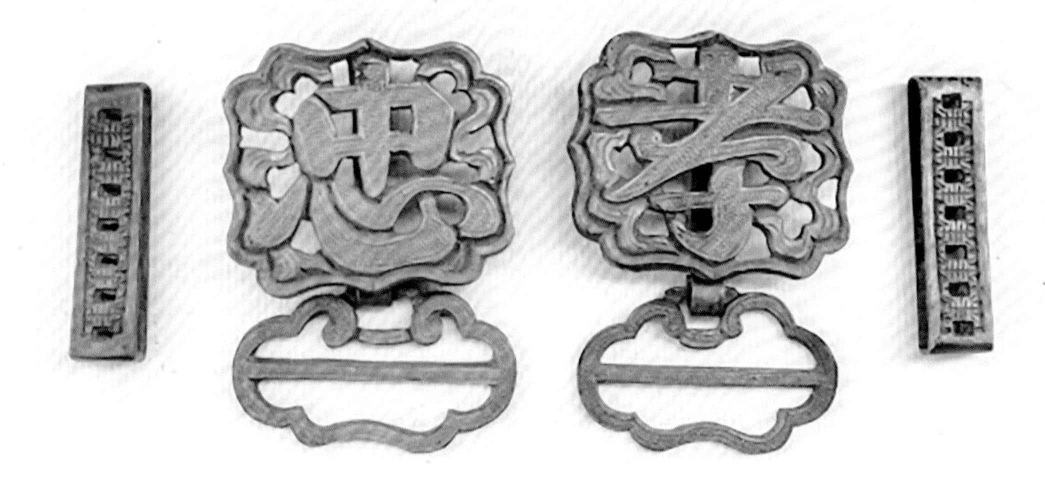

图4-2　忠孝带带扣（私人收藏）

己的国家视为父母之邦，在情感上将自己和国家系属在一起。“普天之下莫非王土，率土之滨莫非王臣”“苟利国家生死以，岂因祸福避趋之”，而这种忠君爱国思想也在儒家思想中得到强烈认同，汉代董仲舒提出“君为臣纲、父为子纲、夫为妻纲”“身以心为本，国以君为主”，司马光的“臣之事君，有死无贰”[18]。在这种思想的统治下，“爱国”即“忠君”，臣民对国家的爱即转化为对君主的忠诚。满族在被敌人俘虏时用忠孝带自尽来表达忠诚，也在被皇帝赐死时自缢使用，常指忠于君国，孝于父母。满人有朴厚强武之风，“一代冠服自有一代之制”，“䍁帨”也是清代男性服饰和女性旗装最显著的装饰品之一。

第二节　明清“䍁帨”民族文化诉求

一、“固守本源”的价值观

“䍁帨”流行兴衰与明清服制“固守本源”价值观有着极大的联系，源自各民族历史长河里长期构建的文化观、价值观和风俗习惯[19]。在服饰制度传承上，既传承历代传统服饰文化又理性地扬弃外来文化。“䍁帨”在明初期衰落，由于朱元璋抵制元朝建立的蒙古风格服饰，恢复汉唐以来的汉族服饰。清代时期，“䍁帨”兴盛是由于满族固守本民族服饰，是一种坚持本民族文化观念的自觉意识。

服制“固守本源”是由统治阶级发起，为稳固自身政权的服饰制度，对其他民族服饰几乎是毁灭性的。明朝全面恢复整顿汉族衣冠服饰制度，明令禁止胡服，建立贵贱有别的服饰制度，铸造抵制异族服饰风习的屏障。清初“帉帨”的形制完全具有满族特色，是一种长方巾，除系挂的物件外，几乎没有形制可言，是满族豪放民族特色的显现。清入关后，为树立正统的形象，防止被汉族同化，对于本民族的服饰选择了恪守坚持的态度。皇太极曾多次教导国家以骑射为业，告诫后世子孙勿轻变弃祖制，有效仿明朝服饰的必重治其罪[20]。清代服饰在汉民族中强制推行，同时也极大推动了“帉帨”在汉民族中使用，不再只是明代以江苏为中心以及官员士绅的代表，形成了满族服饰搭配风格，服制“固守本源”也是对本民族服饰的传承与推广。

二、调适改变“兼容并蓄”

从整个社会来看，明清“帉帨”形制变迁反映了民族文化间调适改变“兼容并蓄”。国家性体现了民族间的冲突，而民族族群的个体则再现民族间融合。“帉帨”虽不在明代皇室中流行，但随着社会制度的松弛以及元代文化的遗存，官员士人根据自身的需求，融合了少数民族与汉族的风格，并且适应当下的需要成为新的时尚，“帉帨”从粗犷的装饰风格趋于汉族温文尔雅的精致美感，在以扬州、苏州为中心的时尚地区流行。明代“帉帨”显露了中华文化的包容性。

清代满族的八旗制度包含满蒙各个部落，具有包容性。入主中原后又日益汉化。从理论上讲，满族的汉化是不可避免的，汉族代表农耕文化，满族是代表狩猎文化。其生活区域习惯的改变，以及清初统治阶级希望尽快统治中原，全盘接受儒家学说，建立服饰等级制度，满族固有服饰文化已然动摇。虽清政府多次下令禁止满族人民效仿汉族穿着，但仍不能被禁止。清代服饰从以满族服饰为主导，到康熙年间，汉族传统风俗复苏，满汉文化互渗[21]，直至满汉融合。清代宫廷“帉帨”变化反映了汉文化的深远影响，“帉帨”从形制的随意到规范、汉民族服装图案的运用并赋予吉祥寓意，清中期以后的“帉帨”是具有满族服饰的“形”与汉服饰文化“质”的结合。

明清“帉帨”的传承，也是服饰制度的传承，千年来受生活实践的考验，是我国文化自信肯定[8]。近百年来，不论哪个民族统治，但始终是统一的中国，所谓“民吾同胞，物吾与也”。国家的统一，并不意味着文化的统一，“礼”“法”是几千年来中国最重要的整合力量。任何民族都有其独特的民族文化、风俗习惯与审美情趣，造就了服饰风俗的民族性，民族服饰的符号赋予丰富的民族情感[21]。明清代表着不同民族统治下的中国，在改服易帜中，“盼帨”存在于两个民族中，但在历史的长河里它们却是相通的。中华民族宝贵的服饰文化同样根植于这片沃土，是民族文化物化的表现，在历史发展的进程中，蕴含着中华民族强大的文化底蕴。“盼帨”的传承和发展离不开民族文化这片沃土，不仅是满汉的交融，更是几千年来多民族服饰功能性发展适应民族文化的符号化表现。

[1] 费孝通. 对文化的历史性和社会性的思考[J]. 思想战线，2004，30(2)：1.

[2] 梁惠娥，邢乐. 中国最美云肩：情思回味之文化[M]. 郑州：河南文艺出版社，2013.

[3] 梁惠娥，崔荣荣，贾蕾蕾.汉族民间服饰文化[M]. 北京：中国纺织出版社，2018.

[4] 郑玄，贾公彦. 仪礼注疏[M] . 北京：中华书局，1957.

[5] 焦杰. 附远厚别 防止乱族 强调成妇——从《仪礼・士昏礼》看先秦社会婚姻观念[J]. 陕西师范大学学报(哲学社会科学版)，2011，40(5)：40−45.

[6] 陈澔. 礼记[M]. 上海：上海古籍出版社，1987.

[7] 孟悦，罗钢. 物质文化读本[M]. 北京：北京大学出版社，2008.

[8] 崔荣荣，牛犁. 明代以来汉族民间服饰变革与社会变迁（1368—1949）[M]. 武汉：武汉理工大学出版社，2016.

[9] 兰陵笑笑生. 金瓶梅：插图珍藏版. 叁[M]. 北京：作家出版社，2010.

[10] 宋立中. 论明清江南婚嫁论财风尚及其成因[J]. 江海学刊，2005(2)：140−146.

[11] 不题撰人. 梼杌闲评[M]. 济南：齐鲁书社，2008.

[12] 沈弘. 遗失在西方的中国史：《伦敦新闻画报》记录的晚清1842—1873[M]. 北京：北京时代华文书局，2014.

[13] 李桂奎. 明代士人的雅文化立场与文坛尚雅共谋[J]. 天津社会科学，2018(6)：111−119.

[14] 文震亨. 长物志[M]. 北京：中华书局，2012.

[15] 原祖杰. 皇权与礼制：以明代服制的兴衰为中心[J]. 求是学刊，2008(5)：126−131.

[16] 冯尔康. 生活在清朝的人们[M]. 北京：中华书局，2005.

[17] 艾军. 中国传统家训与社会主义核心价值观之爱国思想探析[J]. 河南农业，2017(24)：44−45.

[18] 角云飞，李妍. 传统官德思想的历史局限与价值[J]. 人民论坛，2017(13)：52−53.

[19] 刘婷. 如何保护民族优秀传统文化[N]. 中国文化报，2018−01−01(003).

[20] 赵尔巽. 清史稿・舆服志[M]. 北京：中华书局，1976.

[21] 郑新胜. 论民俗审美的民族性——以畲族民俗为例[J]. 闽江学院学报，2017，38(3)：94−99.

第五章

氤氲潋滟：明清『吩悦』影响因素

“服饰作为一种文化符号，象征着特定的地位与身份。”几千年来传统服制在人们心中打上深深的烙印，一个时期经济、社会阶层、政治、文化发展的变革都会不同程度地影响到服饰流行变迁。明清“帉帨”受船运业和沿江主干线经济发展影响，纺织及植棉产业下手工业技术不断更新，民间庙会等商品经济空前发达，士人阶层思想异动，政治礼治以及民族间思想碰撞，加速社会不同阶层审美意识的转向。

第一节 经济繁荣滋生人欲奢靡风尚

“妇人最好妆饰，其服色瓒珥无一年不变，旧者辄废弃不用，靡费不止凡几[1]。”服饰均以苏扬为尚，南京、扬州、苏州堪称服饰流行之晴雨表。苏扬丝织业之发达源于人口与当地粮食产量不配比，促进了江南纺织手工制造业与其他粮作物产区的航运贸易交换网络。众商涌至，庙会、茶馆等商业场所繁盛，商品经济空前发达。在物欲刺激下滋生人们追求奢靡、舒适、享乐风尚，为“帉帨”造型与面料多样性创造动力。

一、以棉、布与粮食为核心的贸易互换网

“帉帨”流行最重要的路径是通过以棉、布与粮食为核心的贸易交换网传播至各地。江南地区一贯被视为鱼米之乡，“上有天堂，下有苏杭”。然而，江南地区人口稠密，大量人民并没有耕地可种，粮食需求量大，雍正元年十月二十六日《上谕内阁》道；“浙江及江南苏松等府，地窄人稠，亦皆仰食于湖广、江西等处。”江南地区主要依靠今湖南、湖北、江西等地粮食，“报布易米而食，农民往来不绝”。江南一代本是粮食的主产区，“农民粟米还租”络绎不绝[2]，但仍不能满足当地的需求。根据冯尔康先生分析《清代前期江南的商业活动》，嘉庆年间三十二家粮坊存粮百十万石，也仅够城中居民三个月口粮[3]。由于人口与耕地比例不匹配，赋闲在家的劳动力较多，一部分百姓依靠植棉业和丝棉纺织业生存。《锡金识小录》记常州府以无锡棉布之利最盛，“乡民食于田者，惟冬三月。及还租已毕，则以所余米舂白，而置于囷归典库，以易质衣。春月则阖户纺织，以布易米而食，家无余粒也。及五月田事迫，则又取冬衣，易所质米归，俗谓种田饭米。及秋，稍有雨泽，则机杼声，

又遍村落，抱布贸米以食矣。[4]”江南盛产丝、棉，纺织业发达，促进了外省往来船只与江南地区粮食与布匹、棉花对流（图5-1）。

图5-1　姑苏繁华图卷（局部）1（辽宁省博物馆藏）

冯尔康先生分析江南植棉和棉纺业发展与其他经济圈贸易情况，分析了江南地区百姓依靠卖布所得银钱购置生活所需的米粮，在这之间形成三条主要经济线（表5-1）。一条为长江中游与下游的贸易交换，湖广（今湖北、湖南）和江西地区将主要农作物稻米运输到江宁地区（今南京），与苏州一带运来的布匹、手工制品交换。《清经世文编》记载乾隆初年，苏州布政使规定“崇明商人每年载布前往江宁，易米三万石[5]。”《归愚诗钞》：“吴民百万家，待食在商。转粟楚蜀间，屯积遍涯。商利权奇赢，民利实釜灶[3]。”

表5-1　江南地区为中心的棉粮交换概况

交易中心	交易网络	货品	交换对象
江宁	苏州——江宁	棉布	米与棉布对换
	湖广、江西——江宁	米	
上海（松江府）	关东——上海	豆、麦、杂粟	豆、麦、杂粟与布、棉花对换
	上海——山东（途径）	布、茶	
	上海——关东	布、棉花	
上海（松江府）	闽粤——上海	糖霜（二月、三月）、材木	蔗糖与棉花对换
	上海——闽粤	秋天仅购棉花	

二是江南与关东贸易市场，《清经世文编》卷四十七“关东每岁有商船二三千只至于上海，曰‘沙船’，其大可容二千石。其人皆习于海，其来也，则载豆、麦、杂粟，一岁三运以为常；而其去也，则仅易布帛棉花诸货物。[5]”

三是江南与广东、福建贸易市场，《木棉谱》中写道：闽粤人于二三月份载糖霜来卖，秋则不买布，而买花衣以归，皆装布裹累累，盖彼中自能纺织也。”也有海上商贩载来红木段，购置棉花[3]。

繁盛的贸易网络为商人提供商机，在倒卖各地资源配置不平衡中赚取利润，活跃了江南地区的经济，河运来往船只络绎不绝（图5-2），促进了棉花种植业和纺织行业的进步。而这些商人通过航运等路径也将扬州、苏州一带时兴的服装式样传播出去。《金瓶梅词话》记载西门庆为山东省首富，精通各地贸易往来，其中船舶运输业是一大支柱产业，随着粮食、丝织品交换，带来当时最时兴有趣的玩意，“帉帨”的时兴样式正是依靠着往来船舶运输从扬州地区传来的。流行走向是从江南一带流向全国，这也与墓葬发掘的地点数量寡众完全吻合。本是运输粮食布匹的人们基础生活贸易线路，也成为了时尚流行传播的重要途径。

图5-2　姑苏繁华图卷（局部）2（辽宁省博物馆藏）

二、手工技艺的发展

江南地区纺织行业发展迅猛，独领风骚，女性几乎是家庭生产力创造者，社会分工精细化，促进商品经济发展。清代宫廷上用的丝织品，最初还是出自官府织造，但到同治年间几乎都是由家庭手工作坊完成。新技法和创新层出不穷，民间手工艺水平提高，带动了整个经济发展，为服饰款式多样性提供了可能。

明朝丝织业有所改进，《天工开物》记“花机”的结构已十分复杂，需要一人司织，一人提花，两人合力才能完成，提花技术不断推陈出新，面料可织出不同花纹，纺织品类不断丰富（图5-3）[6]。“帉帨”使用最多的绫是明代时期的高档织物。江苏泰州徐蕃夫妇墓出土的一条奔马纹花绫巾，以黄色做底，蓝色和褐色间隔条纹对称分布，两侧有穗，质地轻薄，有奔腾的骏马、卍字纹、白色花朵提花花纹（图5-4）[7]。据考古记载及泰州博物馆介绍，“帉帨”的佩巾除提花工艺外还有销金、织银和刺绣等装饰工艺。明朝江南地区家庭已然依靠妇女纺织收入，“里妪晨抱绵纱入市，易木棉花以归，机杼轧轧，有通宵不寐者”[8]。清代手工业内部分工较前朝更为细致并且向产业化趋势发展。《元和县志》中记载苏州：“城东之民多习机业，机户名隶官籍。佣工之人，计日受值，各有常主者。其无常主者，黎明立桥以待唤[9]。”江宁、苏州、杭州等地丝棉纺织业空前发达，家庭女红、民间手工业、织造局共同推进全国纺织业兴起，促进清代“帉帨”由俭入奢的发展。

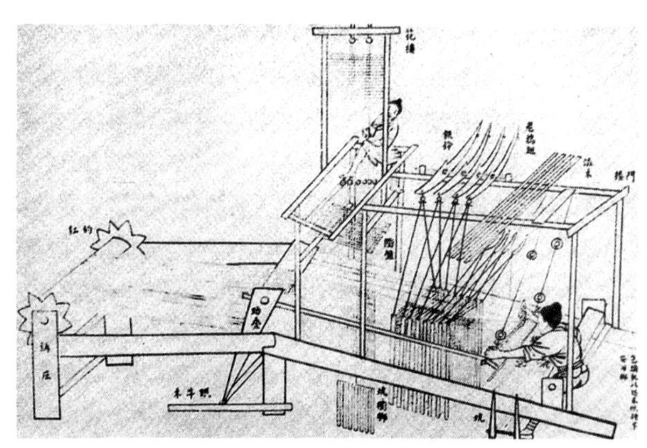
图5-3 《天工开物》插图“花机”

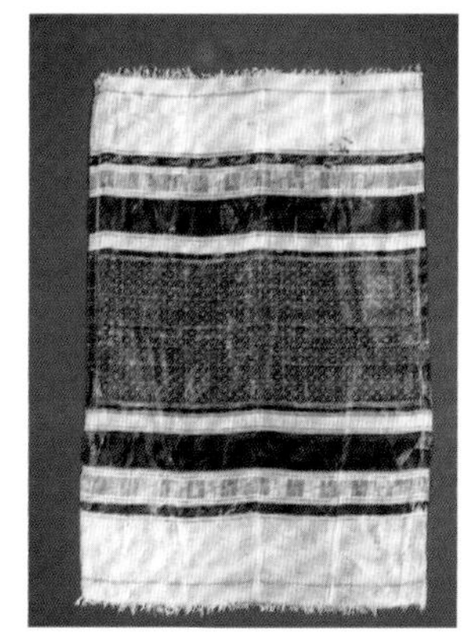
图5-4 江苏泰州徐蕃墓奔马纹花绫巾（泰州市博物馆藏）

另外，明朝金属锻造业尤其是民营冶矿业发展迅速，提升了冶炼炉鼓风装置，加速了冶炼效率。冶炼铁和铜从小五金中分离出来，并详细记录制锡的冶炼工艺，这些都为“帉帨”装饰杂佩更为细致提供基础，民间手工业制作规模空前扩大。

三、民间庙会活动与商业

江南地区物质富足，在土地与人口数量不平衡的大环境下，萌生出许多在统治阶级看来不入流的职业，即与农业生产无关的行业。民间庙会、寺庙边茶铺、酒馆等应运而生，江南商业消费和娱乐事业发达起来（图5-5）。

图5-5 《古代风俗百图》商业繁盛

民间的庙会也成为销售时兴小玩意的一个重要场所（图5-6）。民间庙会文化活动尤为丰富，岁时节日迎神敬神、社灶活动比比皆是，丰富的节日活动推动民众到街区热闹繁荣的消费市场。一方面，此类活动是社会不稳定因素之一，统治阶级反对此类易造成政治结社的组织，但民间信仰神明和祭祀的活动已然深入人心；另一方面，统治阶级又需借助神明力量令民众相信皇帝乃天之骄子，稳定自身政权。明清政府对民间社会活动控制相对松弛，商业化导致社会有较大的转变[10]。其中妇女有拜王母、拜观音等诸多不同信奉神明，请求避免灾祸、疾病，求子，成为一种精神寄托。妇女庙会礼佛也是接触商业的渠道之一，具有显著商业贸易的特征。在北方一些地区甚至存在以商品贸易功能为主的庙会，常常销售时兴小玩意。

图5-6 《金瓶梅词话》插图

四、奢华与僭越促使款式繁杂

金属锻造冶炼技术的成熟、交通便利促进“帉帨”作为商品在市场流通。区域经济繁荣提供了新服装式样。以扬州为例，由于盐商的扩张，主导当地社会的盐商是中国最富有的人群，导致了流动性资本的异常集中。明末，扬州开始挑战苏州作为长江下游主要财富和消费中心的地位。经济的蓬勃发展促进了服装与配饰款式的多样性，导致奢侈品消费的增长，刺激了时尚文化的发展，激发了人们追逐时尚流行。商业繁盛开启了纵乐文化，崇尚奢靡的风尚。明末孔尚仁曾抱怨扬州富裕家庭的“账房先生、店员、苦工和仆人经常穿着华丽的衣服，装腔作势，奚落他人”“只有在扬州的县城和郊区，服装才有时代的要求”[11]。

即使是经济最为发达的江南地区，人们也是表面富实，内在空乏，更不用说其他地区生活贫苦。在苏州城里，人们不管身份地位如何，是否有钱，都一定要打扮，康熙年间龚炜在《巢林笔谈》卷五《吴俗奢靡日甚》中写道：“予少时，见士人仅仅穿裘矣，今则里巷妇孺皆裘矣；大红绿顶十得一二，今则十八九矣；家无担石之储，耻穿布衣素矣；团龙立龙之饰，泥金剪金之衣，编户僭之矣[2]。”百姓追求衣着时尚，社会展现一片浮华的景象，甚有人炫服冶容，一衣值二三十金。服装制作不再仅限于家庭女红自给自足，光绪《常昭志稿》卷六记：“往时履袜之属出女红，今率买诸市肆矣。”为讲究穿着，到市场购买新产品了[2]。据记载，在山西商贾早有僭越，佩戴珠冠和金银的首饰，更有甚者妇女戴金不戴银，经济的繁盛导致社会服饰僭越现象频发，人们追求奢靡风尚，也从侧面反映服饰流行更新速度之快（图5-7、图5-8）。

图5-7 《古代风俗百图》清代汉族女性装饰

图5-8　清代女性手持“帉帨”

第二节 社会阶级异动提供创作空间

中国社会将服饰形、色、质作为穿着者地位等级符号化象征，将外在形象作为区分人尊卑的标准[12]。人们通常依据等第而非财力多寡选择日常生活用品。社会阶层按照“士农工商”顺序定义，士人阶级在其中有较高地位，是沟通上层阶级与社会的纽带，他们是封建官僚的后备军，处于社会流动的交汇点。商人一直被视为末流，源于孔孟儒家思想对经济的控制、金钱的排斥，通过科举制度将士人为统治阶级所用，而商人则被摒弃，导致商人的服饰最为严苛。

一、明清社会等级结构

在明清社会等级结构中，任何一个社会成员都属于某个特定的阶级。这些阶级在不同历史社会生产关系中处于不同地位和等级，与生产资料的关系不同，其在社会劳动组织中起到的作用就不同[13]。明清皇家是权利等级的中心，根据经济制度、道德规范、宗教势力以及民族关系等诸多因素，分为不同的等级结构[14]。

明代中国社会处于全球化大变迁中，经济、文化思想领域皆发生巨大变化，社会体制仍处于完整帝制体系控制之下，社会组织结构由世袭君主制、贵族制、官僚体系三部分组成，按照经济所有制关系和赋税制度来呈现社会成员在社会生产关系中的相互关系，绝大多数社会成员是从其所出生的家庭承继而获得所属人群的社会地位[15]。我们所常说的士农工商是按职业的划分来的，这些职业属性界定人群职责，并且在社会架构中世袭，成为社会身份的象征。社会阶层具体分为官宦、士人、庶民、各类雇工、工商业者、军人、贱民。统治层出于控驭社会成员、维系等级制度的需要，根据身份地位不同限定官民服制。社会流动主要在士绅与庶民两个层级内部及这两个层级之间发生；以功名与官职为尺度的士绅阶层是具有开放性的阶层，并因此使明代社会组织增加了巨大弹性[15]。商贾本属庶民一类，然其尚奢好靡，于农业生产不利，故统治者多有催压。“洪武十四年，令农民之家，许穿绸纱绢布，商贾之家，止穿绢布，如农民家但有一人为商贾，亦不许穿绸纱”可见商人的社会地位空前低下。

清代是少数民族建立政权，入关后基本汉化但仍部分保留满族特色。社会阶级根据《大清会典》中记载分为七个等级：皇帝、宗室贵族、官僚官绅、绅衿、凡人、雇工人和贱民[14]，也可以粗略分为特权阶层、平民阶层、贱民阶层。特权阶层包括皇族、八旗贵族及旗人、官绅、士绅等，以服饰色彩作为区分身份的主要标志，“宗室”为本支宗室，系金黄色带子；叔伯兄弟之支称为“觉罗”，系红色带子；八旗军队制度也以正黄、正蓝、正白、正红、镶黄、镶蓝、镶白、镶红军队服饰色彩命名。士绅阶层既有顶戴，又是四民之首，具有功名等级身份而无官位的地方士绅成为官府实施统治所依据主要力量。而民间的社会体系与明朝类似，不同阶层的人凭借不同的服饰面料、色彩、材质与其他等级区分开来。“凡人”和“贱民”就区分良贱来说。“凡人”即按照户籍制度登记在册的居民。农民阶级生活境况远不如明朝，由于清代土地兼并问题越来越严重，自耕难以负担家庭生活支出。部分农民从农村分离出来，移徙到外地靠出卖劳动力过活，在农业、手工业、商业中雇佣劳动现象十分普遍。清代商品经济的发展，有的农民农而兼商，有的完全脱离了农业轨道，进行短途或长途贩运[16]。清代的商人阶层与前朝不同，社会成分复杂，既有普通庶民商人，也有皇商、官商、绅商，官商、绅商因具有官、绅身份，自然是商人中的上层。平民商人属“凡人”，与前代一样，清政府依旧推行重农抑商的政策，但随着社会经济的变化，清代商人的地位获得了平等的平民地位，还有从清初即开始的“恤商”“护商”的政策[17]。而贱民则包含奴仆、倡优、隶卒等。对于贱民尤为苛刻，康熙十八年定“门子优娼等人不许擅戴貂帽，穿花素色缎，只许素屯绢袍服，服布素。

二、明清社会等级异动

苛刻的服饰制度仅在开国初期能严格遵守，商业形态形成，人们日益感受到金钱的重要性，“吾乡左儒右贾，喜厚利而薄名高，纤啬之夫，挟一缗而起巨万……要之，良贾何负于闳儒[18]。”“奴富至数百万，初缙绅皆丑之，而今则乐与为朋矣”，“缙绅家之女惟财是计，不问非类”[19]，社会阶层不再完全限制于固有形式。王阳明主张“四民业异道，等尽心焉，一也。”赵南星提出“士农工商，生人之本业”，改变了社会对商业的认知。

（一）士人从商

随着商品经济发展，重商思想势如破竹，士人本属于社会上层阶级，“若寒士则惟以白布袍为常服，加以乌巾朱履，较之盛服而冠庶人之帽者自贵，缙绅接见，亦自起敬，列于峨冠博带之中，容相安也[20]。”此外士人还有专用头戴方巾，《坚瓠集·秀才儒巾》中记载：“据常则戴方巾，名四方平定巾……明季复社滥觞，方巾甚高”[21]，此类皆为社会认可士人地位的符号。士人本身对衣着服饰、文房四宝、家具古玩等生活品位及细节颇为考究，常以外在形式标榜自己。通过着装的风雅流露情感与思想，以个人时尚构建自身文化权利。

然而，明清的科举取士制度并没有随社会经济的发展而提升招考人数，入仕的困难使得士人受世人尊崇但却又因经济窘迫遭世人嘲笑，“弃儒就贾”新型的士人转而投商，此现象违背了儒家千百年来“重义轻利”的教化，士人分化也导致士人自身团体的退化，但士人从商谋一份体面工作不意味彻底抛弃入仕，“亦儒亦商”也是士人精神上“游离”中保全，儒商也称为明中后期以来一大现象[22]。而且一部分士人需要依仗商人发放科考路费和膏火费，形成“儒商互通”的景象。清代雍正二年，山西巡抚刘于义奏称：“山右积习，重利之念，甚于重名。子弟俊秀者多入贸易一途，至中材以下，方使之读书应试[23]。”士人从商打破了社会这一秩序，社会的阶级被打破，为社会发展提供了创作空间。

（二）商人地位提升

商人通过雄厚的财力兴建文化事业、大量结交文人志士，提高其审美情趣。拥有的不仅仅是财富，同时获得了士人阶级、官宦以及百姓的认可。商人作为社会的末流，地位的提升需要诸多方面，一方面通过买官提升社会地位，另一方面通过财富捐建赢得当地社会认可。明清时期，大批徽商移居扬州，扬州是河运、漕运、盐业的重要枢纽，外地人要获得本地人的认同常要大量修建学堂、资助贫穷学生科考、出版书籍、修建寺庙等公共事业。商人通过招致文人名仕，藏书，与文人志士结交，也变得附庸风雅，穿着华丽。《真珠船》中云：“商贾之家，往往以锦绮为襦绔矣[24]。”商人将自己的审美与士人并列，来获得社会的认可。社会认为商人处于末位的思想并未改变，但商人俨然已是社会主要消费人群，他们的强大购买力为服饰品类繁盛提供了更大的创作空间。从另一方面来看，商人也是时尚传播的通道，将时兴的服饰式样与各地外来贸易中传播出去。

清代商业繁盛，“绅商富户头戴圆形瓜皮帽，身着绫罗绸缎长袍短褂，长袍为直领偏襟，长及踝，短褂为对襟，长及腰，罩在长袍外，夏季穿丝绸短衫。”洋务运动等一系列官办商业，出现一批新型商人，他们可以是买办商人（图5-9）也可以是朝廷官员（图5-10），着装与士人相似或直接是官员的派头，尤其受洋人影响，思想较为先进，是商人中的代表。《汇丰银行及买办漫记》就描写买办商人装束：“平日头戴红顶瓜皮小帽，脚穿粉底缎鞋，身着团花马褂，腰束纺绸带子。”商人已不再作为社会末流，随着更多留洋海外的买办商人归国（图5-11），长衫配西裤，头戴礼帽，脚蹬皮鞋的式样开始流行。商人地位提升，在促进服饰多样化的同时，也是对传统服饰极大的打击。

图5-9　19世纪商行的买办商人

图5-10　李鸿章与香港总督卜克力

图5-11　上海代办机器进口业务的中国商界第一人宋耀如

第三节　政治礼制下服饰的流行时尚

政治礼制强压下服饰流行时尚呈现明清“蚡帨”形制变化。明代恢复汉族服饰制度，“蚡帨”虽然来自于胡服，但其形制明显表现去胡化，向精致精巧的趋势发展。清代“蚡帨”形制具有蹀躞带风貌，清政府强制服从满族服饰，改变整个国家着装风格，可谓是服饰风格流行制定者。

一、宫廷官府织造

明清的织造工艺分为宫廷官府织造和民间织造。官府织造是行业的标杆，为满足皇室官员等上层阶级的需要。明朝承袭元代设置织造局以供皇室和官府的需要，在全国设置织造局和无偿役使、在籍官匠来运作维持。在各处织造局中，江南苏杭以上用品为主，其他织造生产一般为岁造缎匹，主要用于赏赐不供上用[25]。明朝初期，宫廷服饰材料用度还主要来自于宫廷织造，在社会时尚的需求下不断推陈出新，天启年间曾设计织造一种新的“海天霞”织物，似白而微红，官眷多服之。“帉帨”作为服饰品使用，被下层阶级学习与模仿，对高地位等级人服装的效仿也是对他们地位的向往和一种拥有的自豪和炫耀。明朝织造役使令大量优秀工匠以徭役形式抢占其三分之一的劳动时间，不仅使之缺乏生产积极性，而且还严重影响民间丝织业的发展，而织造缎匹全部为皇室和官府所用，根本不进入商品流通领域，也对整个丝织业的发展极为不利，明朝织造业由于违反社会经济规律而导致衰落[25]。

清代继承明制，在北京、江宁、苏州、杭州四地设立官府织造局，凡上用缎匹，由内织造局和江宁制造局承造；赏赐缎匹，由苏杭地两织造局承造。招募工匠以“世业相传的匠人”和幼匠学艺的养成工为主，此外还用“承值应差”和“领机给贴”等方式招募补充，清代织造由于局匠多为雇佣劳动，所以基本上也是一种商品生产[25]。清代服饰制度规范化，“帉帨”向文雅、细密之风方向发展。《清宫内务府造办处档案汇总》记载宫廷针黹活计制作过程是由皇帝下旨，内务府提供画样（图5-12）给皇帝审阅，修改批准后制作样品，再呈贡、再完善制作成品的过程[26]，皇室对服饰礼制的严苛是政治礼制的表现，对服饰品有极高要求，促使“帉帨”制作成为典范和标准。皇家的服饰时尚常被下层阶级效仿，即使多条法令明令禁止，

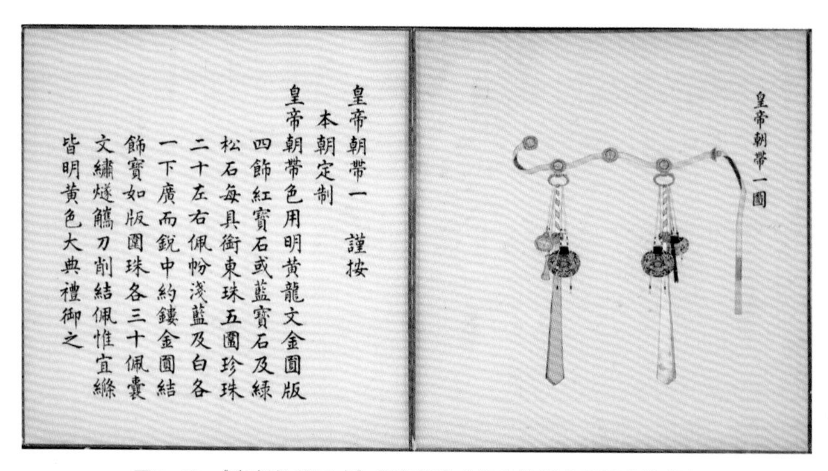

皇帝朝帶一 謹按
本朝定制
皇帝朝帶色用明黃龍文金圓版
四飾紅寶石或藍寶石及綠
松石每具銜東珠五圍珍珠
二十左右佩帉淺藍及白各
一下廣而銳中約鏤金圓結
飾寶如版圍珠各三十佩囊
文繡燧觿刀削結佩惟宜絲
皆明黃色大典禮御之

皇帝朝帶一圖

图5-12 《皇朝礼器图式》皇帝朝带（阿尔伯塔大学博物馆藏）

也难以阻挡这种趋势。清代“帉帨”的流行从被动到主动接受的过程，正是政治礼制引领服饰流行时尚的显露。

二、民间织造现时兴样式

民间织造有更大的活力，以商业利益为出发点，积极更新手工技艺，创造出不同式样，这种方式方法非常活跃。以明朝中后期为例，尤其在商品化程度发达的苏州、扬州地区时兴潮流服装，《客座赘语》中也记载：“南都服饰在庆、历前犹为朴谨，官戴忠静冠，士戴方巾而已。近年以来殊形诡制，日异月新……在三十年前，犹十余年一变矣，迩年以来，不及一岁。”[27]之后影响到宫廷，崇祯“后籍苏州，田贵妃居扬州，皆习江南服饰，谓之苏样。一夕，袁贵妃侍于月下，衣浅碧绫，即所谓‘天水碧’也。帝曰：‘此特雅倩’。于是宫眷皆尚之，绫价一时翔贵[2]。”绫织物也是“帉帨”佩巾主要面料。明朝民间织造坊、家庭手工织造技术俨然已经超过官营织造，引领民间时尚潮流。

“帉帨“本就是由各种杂佩组成，清代“帉帨”在民间仍追随明朝的样式，鉴于礼制的要求，与宫廷“帉帨”有一定的区别，但在形式上有明显仿照宫廷式样的元素，尤其在清中晚期流行佩戴多宝串，也是“帉帨”杂佩的一种变形。

第四节　文化碰撞与融合促形式多样

“帉帨”在历史的长河里是多个民族文化交融的产物，明清文化碰撞来自新兴思想、西方思想与传统思想的碰撞，也来自汉蒙、满汉的碰撞与交融。

一、传统礼教与反叛思维异动

明清时期受到西方文化传播及阳明心学影响，倡导“心”本论、李贽“私者人心”“人必有私”，肯定了私心即人欲存在的合理性[28]。科举入仕困难，尤其是江南地区，自古是鱼米之乡，经济富庶、航运发达，明末西方文化涌入，很多外国传教士来到中国，市民阶层思想异动，民间爆发了享乐主义、尚奢风尚，士绅阶层是社会流行文化方向的缔造者，引领消费时尚。

明代思想的碰撞，还来自于传统儒学、程朱理学与反叛思维心学的分庭抗礼。程朱理学将天理与世俗情欲分离开，认为人应当克服世俗情感和欲望，逐渐提高至天理的高度。朱熹曾道："人之一心，天理存则人欲忘，人欲剩则天理灭，未有天理人欲夹杂者[29]。"这一将"天理""天道"取代"天命"的政权观念，为明朝统治阶级利用压制人欲而巩固自身政权。当规范人行为的社会伦理教育的程朱理学成为法律规制和训诫时，其政治性话语权是对人心灵自由的束缚和禁锢，极其压抑个人思想、丧失本真个性的做法不符合社会礼制日益松动的社会[30]。心学的出现刺激了士人阶级的自我意识，尤其是王艮、李贽等思想理论接近社会底层人民，肯定人欲的合理性以及人生存意义与价值。"异端"分子李贽，强调"穿衣吃饭，即是人伦物理"，强调"私欲"存在的合理性。文人志士通过服饰风貌展现自身品位及内在品格，追求个性生活。

明清儒家思想面临西方思想冲击，涉及国家、社会与个人的伦理道德与涉及宇宙、自然与人的科学技术知识，从根本上颠覆了中国人千年来对世界的认知，中国的思考方式从"道"出发，对于"器"的认知不足，而西方从"器"出发的思维方式，中国士人在传统的"体"和西方的"用"之间寻求平衡[28]。新兴士绅阶级成为引领时尚潮流的弄潮儿，传统儒家礼教思想与反叛思维的异动，新型士绅阶级开始注重人性，热衷于精致的生活，出现了设计上致用利人的转变。科学的发展，使人们开始注重结构的设计。民间的设计也同样是来样定制，由使用者、工匠和绣娘共同完成，使用者的思想不断提升对"帉帨"有新的设计要求，促进"帉帨"形制多样化发展。

二、汉蒙与满汉的碰撞与交融

民族间文化碰撞，使得"帉帨"有不同的形制。不同民族有不同的使用需求，反映"帉帨"在不同文化要求下功能性转变。自朱元璋建立明朝，即刻恢复了宋以来的汉族制度，企图完全抹去元朝的影响。元朝是马背上的民族，自然在服饰风俗和礼俗上与中原有诸多不同。朱元璋改变服饰制度遵循唐礼，多次颁布政令，洪武五年（1372年）民间妇女首饰衣服尚且遵守旧制，再三颁布政令去胡化，但也很难完全改变人们的日常习惯，"帉帨"在其间融合了汉族的使用方式，俨然保留下来。清初，满族国家政令较大程度上推动了社会风俗文化变革，但两个民族不同的生活习惯与居住环境的改变相互影响使得满汉融合。"帉帨"在满族定居中原后，失去原有使用价值，于是学习汉族的礼教文化等级分化，同时汉族"帉帨"的佩饰物也有了满族的装饰元素。

从“帉帨”明到清的演变过程来看，即使清政府的专制也并不意味着旧的服饰制度完全垮台，如时尚的流行一样，有一个新的适应过程，也有原来的影子。女性“帉帨”满汉交融尤其明显，多种文化并存也必然会有多种形式。

总的来说，在商品经济空前繁盛的强大推动下，明清“帉帨”整体向精致的趋势发展。在社会阶级乱相的时候，恰恰也是“帉帨”流行最为活跃的时候，它像是一股新鲜的血液融入民间生活。但清代的严苛制度使得“帉帨”在宫廷和民间呈现两种形式并行，在满汉文化交织过程中，两者之间受到强烈的影响，装饰风格互融，激发强大的生命力。“帉帨”的消亡同样源自新服饰流行与新思想，一是清晚期满族宫廷女性因时尚所趋，多用围挂颈领巾，长垂约数尺，自然不再需要佩戴“帉帨”，“帉帨”也与其配饰分开使用，直接将整串珠玉杂宝系挂在纽扣上。同时也源自新潮思想的传入，中华文化本身即具有包容性，顺应时代发展要求服饰式样改良，有着强烈东方特色的“帉帨”显然影响整个服装外观造型美感，导致“帉帨”逐渐衰微。

---

[1] 车吉心. 中华野史：第十五卷[M]. 济南：泰山出版社，2000.

[2] 江苏省博物馆. 江苏省明清以来碑刻资料选集[M]. 北京：生活·读书·新知三联书店，1959.

[3] 冯尔康. 生活在清朝的人们[M]. 北京：中华书局，2005.

[4] 黄印. 无锡文库第二辑：锡金识小录[M]. 南京：凤凰出版社，2012.

[5] 贺长龄. 清经世文编[M]. 北京：中华书局，1992.

[6] 宋应星. 天工开物[M]. 扬州：广陵书社，2009.

[7] 黄炳煜，肖均培. 江苏泰州市明代徐蕃夫妇墓清理简报[J]. 文物，1986(9)：1-15，98-100.

[8] 顾炎武. 肇域志[M]. 上海：上海古籍出版社，2004.

[9] 许治，沈德潜，顾诒禄. 中国地方志集成(14)：乾隆元和县志[M]. 南京：凤凰出版社，2008.

[10] 邓庆平，王崇锐. 中国的行业神崇拜：民间信仰、行业组织与区域社会[J]. 民俗研究，2018(6)：119-132，156.

[11] Antonia Finnane. Changing Clothes in China [M]. New York：Columbia University Press，2008.

[12] 袁名泽，詹石窗. 儒家思想符号化及其社会功能[J]. 中华文化论坛，2012，5(5)：157-165.

[13] 列宁. 列宁全集：第三十七卷[M]. 北京：人民出版社，1959.

[14] 经君健. 清代社会的贱民等级[M]. 北京：中国人民大学出版社，2009：2.

[15] 赵轶峰. 身份与权利: 明代社会层级性结构探析[J]. 求是学刊，2014，41(5)：188-200+4.

[16] 张凤崑, 张清池. 从《阅微草堂笔记》看清代社会各阶层状况[J]. 渤海学刊，1992(3)：25-28.

[17] 沈大明.《大清律例》与清代的社会控制[D]. 上海：华东政法学院，2004.

[18] 汪道昆. 太涵集[M]. 合肥：黄山书社，2004.

[19] 伍缘萃. 续修四库全书·子部：林居漫录[M]. 上海：上海古籍出版社，2002.

[20] 黄能馥，乔巧玲. 衣冠天下：中国服饰图史[M]. 北京：中华书局，2009.

[21] 褚人获. 坚瓠集·秀才儒巾[M]. 杭州：浙江人民出版社，1986.

[22] 刘晓东. 晚明科场风变与士人科举心态的演变[J]. 求是学刊：2007(5)：130-136.

[23] 鄂尔泰. 雍正朱批御旨：第五册[M].北京：北京图书馆出版社，2008.

[24] 胡侍. 丛书集成简编：第136册·真珠船[M]. 台北：台湾商务印书馆，1966.

[25] 李绍强. 论明清官营织造与民营丝织业的关系[J]. 河南大学学报（社会科学版），1999(6)：8-13.

[26] 香港中文大学文物馆，中国第一历史档案馆. 清宫内务府造办处档案汇总[M]. 北京：人民出版社，2005.

[27] 顾起元. 客座赘语[M]. 上海：上海古籍出版社，2012.

[28] 邢洋洋. 阳明心学对明朝世情小说的影响研究[D]. 贵阳：贵州大学，2015.

[29] 黎靖德. 朱子语类：卷十三[M]. 北京：中华书局，1986.

[30] 葛兆先. 中国思想史（第二卷）：七世纪至十九世纪中国的知识、思想与信仰[M].上海：复旦大学出版社，2000.

附录

附录表1　明代“帉帨”配饰“事件”考古出土情况及分布

序号	地区	墓主	事件	质料	阶品	卒葬时间	资料来源	图片
1	上海	陆深家族墓	金事件一组（金牙签、耳勺，龙首有蝶形金锁片分隔）	金	翰林院编修	嘉靖二十三年、嘉靖二十一年	《上海浦东明陆氏墓记述》	 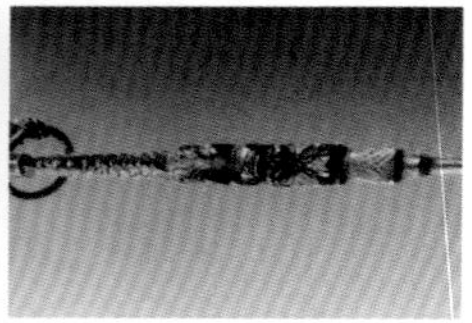
2	上海	杨四山家族墓	银事件一组（耳挖、剔牙）	银	武略将军	不详	《上海明墓》	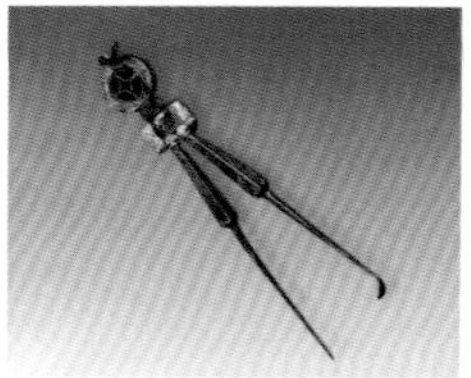
3	上海	宋蕙家族墓	银事件两组（耳挖、镊子、剔牙）	银、镀金	广西道监察御史	嘉靖三十六年	《上海明墓》	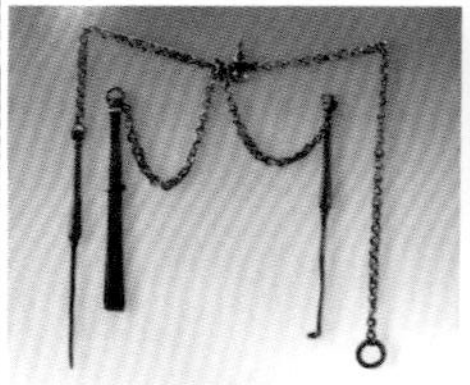 
4	上海	佚名（男）	银事件一组（耳挖、镊子）	银	不详	不详	《上海明墓》斜桥肇家滨路墓	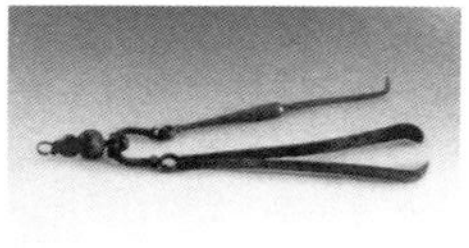

续表

序号	地区	墓主	事件	质料	阶品	卒葬时间	资料来源	图片
5	上海	佚名（女）	金事件（链长 24cm、金牙签 4.8cm、金耳挖 5cm，由圆柱条一分为二）	金	不详	不详	《上海明墓》李惠利中学墓	
6	上海	朱察卿家族墓	金玉事件（金链 31cm、玉钱直径 3cm、耳挖、剔牙 6cm）	金、玉	不详	嘉靖元年	《上海明墓》	
7	上海	顾东川及夫人	剔牙一组（男） 木事件、银事件、银提梁壶（女）	银、木	太医院御医	不详	《上海明墓》	
8	江苏南京	沐昌祚夫妇	金香囊、金护心镜、金葫芦盒	金	黔国公	万历二十三年	《江苏南京市明黔国公沐昌祚、沐睿墓》	
9		沐睿	外部为一长形小金筒，内装耳挖、牙剔、摄子、鼻烟棒	金		天启五年		

续表

序号	地区	墓主	事件	质料	阶品	卒葬时间	资料来源	图片
10	江苏南京	吴祯	铜管1件。由筒身、筒盖组成。子母口，套连两节S型链条。铜管通体残长22cm，外径1.6cm、筒身残长16.6cm、筒盖长3cm，铜筒内放铜扒耳2件、铜耳挖1件、掏耳木棒3根。铜耳扒、铜耳挖的执手部分做成螺纹状，长17.5cm	铜	海国公	洪武十二年	《南京明代吴祯墓发掘简报》	
11	江苏常州	盛氏	银黄色素绢手帕一件，长59cm、宽53cm。金扒耳器一件，香袋一件，面料为豆绿色杂宝折纸花缎	金	三品命妇	嘉靖十九年	《武进明代王洛家族墓》	
12	江苏苏州	吴张士诚母曹氏墓	带编结成“百吉”形，下端呈三角形。缀玉珠三粒，上墨绘龙凤；银针六支，末有小孔，系联在一起；银脚刀一把；银小剪刀一把	银	元代吴王母亲	至正二十五年（元末明初）	《苏州吴张士诚母曹氏墓清理简报》	

续表

序号	地区	墓主	事件	质料	阶品	卒葬时间	资料来源	图片
13	浙江临海	王士琦	人形管状链状金耳扒、金剔牙	金	右副都御使	万历四十六年	《王士琦世系生平及其墓葬器物》	
14	江苏泰州	徐蕃夫妇	豆黄色素绸汗巾，汗巾一角系银索，索端系一根银牙签、银耳扒	银	工部右侍郎	嘉靖十二年	《江苏泰州市明代徐蕃夫妇墓清理简报》	
15	北京	万贵妃父	金事件一组（7 件）	金	明宪宗万贵妃父	成化十一年	《古诗文名物新证合编》[17]	
16	四川绵阳	薛继贤	金荷包两个、金瓶一个、金荷叶盖罐一个、金双鱼一对、金剪刀一把、金粉盒一个，这七件应为“玎珰七事”	金	龙州知府	洪武年间	《玎玎珰珰七事件儿——平武苟家坪明墓出土金事件儿》[38]	

续表

序号	地区	墓主	事件			质料	阶品	卒葬时间	资料来源	图片
17	四川绵阳	王玺家族墓	朱氏	女	金佩饰、金耳勺、金串珠、金粉盒	金、银	不详	弘治十三年	《四川平武明王玺家族墓》	
			安氏	女	金链、金圈、金串珠、银粉盒、银钥匙、银耳勺、银牙签		不详			
18	四川铜梁	张文锦夫妇	六棱小银盒 6.6cm，盒内装铜链相连的铜柄银耳挖勺、牙签各一件，各长 5cm			铜、银	兵部主事	嘉靖三十七年、万历五年	《四川铜梁明张文锦夫妇合葬墓清理简报》	
19	四川成都	杨廷和侧室蒋氏	胸前佩银饰一件			银	—	嘉靖二十六年	《四川新都县发现明代软体尸墓》	

续表

序号	地区	墓主	事件	质料	阶品	卒葬时间	资料来源	图片
20	湖北钟祥	朱瞻垍与王妃魏氏	链子，耳挖、镊子、牙签	金	梁庄王	正统六年、景泰二年	《湖北钟祥明代梁庄王墓发掘简报》	
21	江西南昌	乐安昭定王及宁妃	金香囊 52.1g，金耳挖 7.6g	金	昭定王	弘治元年	《明乐安昭定王墓清理记实》	
22	云南	徐氏	金链一件，下系金镊、金牙签、金挖耳、金小刀各一件，通长 41cm、镊长 6cm、牙签长 6.5cm、耳挖长 6cm、小刀长 5.5cm	金	云南最高统治者沐崧夫人	嘉靖七年	《云南呈贡王家营明清墓清理报告》	
23	山东邹城	朱檀	一棉纸包，内包金挖耳勺、金牙签	金	鲁荒王	洪武二十一年	《发掘明朱檀墓纪实》	
24	辽宁鞍山	崔鉴	一组金丝串成的佩饰上面共有 9 件“事件”，包括了水晶吊坠、打磨的玉石和水晶石等玉佩，另外还有一个长链系童子人偶、葫芦坠子、人形偶等	水晶、玉	昭毅将军（正三品）	正德十六年	《鞍山倪家台明崔源族墓的发掘》	

附录表2 《金瓶梅词话》“帉帨”统计

章回	帉帨	作用
第二回	通花汗巾儿袖中儿边搭剌，香袋儿身边低挂。	日常装束佩饰
第十回	月娘与了那小丫头一方汗巾儿，与了小厮一百文钱。	打赏
第十一回	到是袖中取出汗巾，连挑牙与香茶盒儿，递与桂姐收了。	安抚桂姐
第十一回	祝日念袖中掏出一方旧汗巾儿，算二百文长钱。	物物交换
第十二回	月娘与他一件云绢比甲儿、汗巾、花翠之类，同李娇儿送出到门首。	打赏
第十四回	因见春梅伶变，知是西门庆用过的丫鬟，与了他一付金三事儿。	打赏
第十四回	冯妈妈向袖中取出一方旧汗巾，包着四对金寿字簪儿，递与李瓶儿。	礼物
第二十三回	要了他两对鬓花大翠，又是两方紫绫闪色销金汗巾儿，共给他七钱五分银子。	购买汗巾，贯穿情节
第二十四回	又用一方红销金汗巾子搭着头，额角上贴着飞金，三个香茶翠面花儿，金灯笼坠子，出来跟着众人走百病儿。	防风保暖、装饰
第二十四回	只见贲四娘子穿着红袄，玄色缎比甲，玉色裙，勒着销金汗巾。	作为眉勒
第二十四回	李瓶儿袖中取了方汗巾，又是一钱银子，与他买瓜子儿嗑。	盛物
第二十五回	这来旺儿私己带了些人事，悄悄送了孙雪娥两方绫汗巾，两双装花膝裤，四匣杭州粉，二十个胭脂。	礼物、传情
第二十八回	于是向袖中取出一方细撮穗、白绫挑线莺莺烧夜香汗巾儿，上面连银三事儿，都掠与他。	传情、礼物
第三十一回	我来问玉箫要汗巾子来，他今日借了我汗巾子带来。	借汗巾搭话
第三十四回	你头上挑线汗巾儿跳上去了，还不往下拉拉。	传情
第三十九回	道士有老婆，像王师父和大师父会挑的好汗巾儿，莫不是也有汉子？	贯穿情节
第四十三回	这李瓶儿生怕冰着他，取了一方通花汗巾儿与他裹着耍子。	盛物
第四十七回	我看琵琶上尘灰儿倒有，那一只袖子里掏出个汗巾儿来把尘灰摊散。	擦拭
第五十回	玳安看见赛儿带着银红纱香袋儿，就拿袖中汗巾儿两个换了。	物物交换
第五十一回	只见李桂姐身穿茶色衣裳，也不搽脸，用白挑线汗巾子搭着头，云鬓不整，花容淹淡	装饰

续表

章回	帉帨	作用
第五十一回	李瓶儿道："我要一方老金黄销金点翠穿花凤汗巾。我还要一方银红绫销江牙海水嵌八寳汗巾儿；又是一方闪色芝麻花销金汗巾儿。"金莲道："我没银子，只要两方儿够了。要一方玉色绫锁子地儿销金汗巾儿。那一方，我要娇滴滴紫葡萄颜色四川绫汗巾儿，上销金，闪点翠，十样锦，同心结，方胜地儿，一个方胜儿里面一对儿喜相逢，两边栏子儿都是缨络珎珠碎八宝儿。"	买汗巾，贯穿情节
第五十二回	西门庆于是向汗巾儿上小银盒儿里，用挑牙挑了些粉红膏子药儿，抹在马口内。	盛物
第五十二回	小玉在傍，替他用汗巾儿接着头发儿。	接脏物
第五十二回	六娘的都在这里了，汗巾儿捎了来，你把甚来谢我?	传情，贯穿情节
第五十二回	金莲见官哥儿脖子里围着条白挑线汗巾子，手里把着个李子往口里吮，问道：是你的汗巾子？李瓶儿道：是刚才他大妈妈，见他口里吮李子，流下水，替他围上这汗巾子。	擦拭
第五十四回	一齐交与伯爵，伯爵看看，一个是诗画的白竹金扇，却是旧做骨子；一个是簇新的绣汗巾。	赌物筹码
第五十七回	把汗巾上的小钥匙开了，取出一封银子。	装物
第五十九回	向袖中取出白绫两栏子汗巾儿，上头拴着三事儿挑牙儿，一头束着金穿心盒儿。又掏出个紫绉纱汗巾儿，上拴着一副拣金挑牙儿，拿在手里观看，甚是可爱。	三事儿挑牙汗巾来历
第六十四回	大橱柜里不见了许多汗巾手帕并书礼银子、挑牙纽扣之类。	挑牙汗巾被盗，贯穿情节
第六十五回	西门庆月娘与了一套重绢衣服，一两银子，李娇儿众人都有与花翠、汗巾、脂粉之类。	日常装束
第六十六回	捎寄十方绉纱汗巾，十方绫汗巾，十副拣金挑牙，十个乌金酒杯，作回奉之礼。他明日就来取回书。外具扬州绉纱汗巾十方，色绫汗巾十方，拣金挑牙二十付，乌金酒钟十个。	托人扬州购买汗巾，贯穿情节
第六十七回	是一方回纹锦双拦子细撮穗古碌钱同心方胜结，桃红绫汗巾儿，里面裹着一包亲口磕的瓜仁儿。	盛物
第六十七回	一副豕蹄，四只鲜鸡，两只熏鸭，一盘寿面，一套妆花缎子衣服，两方销金汗巾，一盒花翠，写帖儿教王经送去。	礼物
第七十五回	用翠蓝销金绫汗巾儿搭着。	装饰
第七十七回	随即封了两方手帕、五钱白金，差琴童送轴子并毡衫、皮箱，到尚举人处收下。	礼物
第七十七回	又教他大娘三娘赏他花翠汗巾。	赏赐

续表

章回	帉帨	作用
第七十七回	西门庆见红绵纸儿包着一方红绫织锦回纹汗巾儿，闻了闻，喷鼻香，满心欢喜，连忙袖了。	定亲
第七十八回	胸前带着金三事搽领儿，裙边紫遍地金八条穗子的荷包，五色钥匙线带儿。	月娘装束
第八十二回	潘金莲将自己袖的一方银丝汗巾儿，裹着一个玉色纱挑线香袋儿，里面装安息香、排草、玫瑰花瓣儿，并一缕头发，又着些松柏儿，一面挑着“松柏长青”，一面是“人面如花”八字，封的停当。	传情
第八十三回	一面开橱门，取出一方白绫汗巾，一副银三事挑牙儿答赠。	赏赐

附录表3　清代《皇朝礼器图式》“帉帨”整理：朝带

<table>
<tr><th rowspan="2">等级</th><th colspan="3">腰带</th><th colspan="5">帉</th></tr>
<tr><th>色</th><th>版式</th><th>装饰</th><th>色彩</th><th>式样</th><th>中约</th><th>绦</th><th>其他</th></tr>
<tr><td rowspan="2">皇帝</td><td rowspan="3">明黄</td><td>龙文金圆版四</td><td>红宝石、蓝宝石、绿松石、衔东珠五，围珍珠二十</td><td rowspan="10">月白、白</td><td rowspan="2">左右佩帉，下广而锐</td><td rowspan="2">镂空金圆结</td><td>明黄</td><td>饰宝如版，围珠各三十。佩囊文绣，燧觿、刀鞘、结佩惟宜</td></tr>
<tr><td>龙文金方版四</td><td>祀天用青金石，祀地用黄玉，朝日用珊瑚，夕月用白玉，衔东珠五</td><td>唯祀天用石青色，其余用明黄</td><td>衔东珠各四。佩囊纯石青，左觿右鞘，并从版色</td></tr>
<tr><td>皇太子</td><td>金圆版四</td><td>饰青金石，衔东珠五</td><td rowspan="8">左右佩帉，下广而锐</td><td rowspan="8">—</td><td>明黄</td><td>结佩惟宜</td></tr>
<tr><td>皇子/亲王</td><td rowspan="5">金黄</td><td>金衔玉方版四</td><td>每版饰东珠四，中饰猫睛石一</td><td rowspan="3">金黄</td><td>觉罗用红带，结佩惟宜</td></tr>
<tr><td>世子</td><td>金衔玉方版四</td><td>饰猫睛石一，东珠三</td><td rowspan="6">结佩惟宜</td></tr>
<tr><td>郡王</td><td>金衔玉方版四</td><td>饰猫睛石一，东珠二</td></tr>
<tr><td>贝勒</td><td>金衔玉方版四</td><td>饰东珠二</td><td rowspan="4">石青色</td></tr>
<tr><td>贝子</td><td>金衔玉方版四</td><td>饰东珠一</td></tr>
<tr><td>固伦额驸</td><td>石青或月白</td><td>金衔玉圆版四</td><td>饰东珠一</td></tr>
<tr><td>镇国公/辅国公</td><td>金黄</td><td>金衔玉方版四</td><td>饰猫睛石一</td></tr>
</table>

续表

<table>
<tr><th rowspan="2">等级</th><th colspan="3">腰带</th><th colspan="5">帨</th></tr>
<tr><th>色</th><th>版式</th><th>装饰</th><th>色彩</th><th>式样</th><th>中约</th><th>绦</th><th>其他</th></tr>
<tr><td>和硕额驸</td><td rowspan="5">石青或月白</td><td>金衔玉圆版四</td><td>饰猫睛石一</td><td rowspan="18">月白、白</td><td rowspan="18">左右佩帨，下广而锐</td><td rowspan="18">—</td><td rowspan="18">石青色</td><td rowspan="12">结佩惟宜</td></tr>
<tr><td>民公</td><td rowspan="3">镂金衔玉圆版四</td><td>饰猫睛石一</td></tr>
<tr><td>侯/郡主额驸</td><td>饰绿松石一</td></tr>
<tr><td>伯</td><td>饰红宝石一</td></tr>
<tr><td>文一品/武一品/子</td><td>镂金衔玉方版四</td><td>饰红宝石一</td></tr>
<tr><td>振国将军</td><td>金黄</td><td>镂金衔玉方版四</td><td rowspan="3">饰红宝石一</td></tr>
<tr><td>文二品/武二品/县主额驸/男</td><td>石青或月白</td><td rowspan="4">镂金衔玉圆版四</td></tr>
<tr><td>辅国将军</td><td>金黄</td></tr>
<tr><td>文三品/武三品/郡主额驸/一等侍卫</td><td>石青或月白</td><td rowspan="10">—</td></tr>
<tr><td>奉国将军</td><td>金黄</td></tr>
<tr><td>文四品/武四品/二等侍卫</td><td>石青或月白</td><td rowspan="2">银衔镂花金圆版四</td></tr>
<tr><td>奉恩将军</td><td>金黄</td></tr>
<tr><td>县君额驸/乡君额驸</td><td rowspan="6">石青或月白</td><td>镂金方铁版四</td><td rowspan="6">—</td></tr>
<tr><td>文五品/武五品/三等侍卫</td><td>银衔镂花金圆版四</td></tr>
<tr><td>文六品/武六品/蓝翎侍卫</td><td>银衔玳瑁金圆版四</td></tr>
<tr><td>文七品/武七品</td><td>素银圆版四</td></tr>
<tr><td>文八品/举人/贡生/监生公服带</td><td>银衔明羊角圆版四</td></tr>
<tr><td>文九品/武九品/未入流/生员公服带</td><td>银衔乌角圆版四</td></tr>
</table>

附录表4 清代《皇朝礼器图式》“帉帨”整理：吉服带/常服带

等级	腰带			帉				
	色	版式	装饰	色彩	式样	中约	绦	其他
皇帝	明黄	镂金版四，方圆惟宜	衔以珠玉杂宝，各从其宜	纯白	左右佩帉，下齐而直	金结如版式	明黄	饰宝如版，围珠各三十。佩囊文绣，燧觿、刀鞘、结佩惟宜
皇太子	明黄	金版四，方圆惟宜	衔以珠玉杂宝，各从其宜	纯白	左右佩帉，下齐而直		明黄	结佩惟宜
皇子/亲王/世子/郡王	金黄	版式惟宜	饰东珠三	纯白	—		金黄	—
贝勒/下至宗亲/将军	金黄	版式惟宜	衔饰惟宜	纯白	—		石青色	—
固伦额驸	—	版式惟宜	各惟其宜	纯白	左右佩帉，下齐而直		—	—
民公/下至庶官	—	版式惟宜	各惟其宜	纯白	左右佩帉，下齐而直		—	—

附录表5 清代《皇朝礼器图式》“帉帨”整理：行带❶

等级	腰带			帉				
	色	版式	装饰	色彩	式样	中约	绦	其他
皇帝	明黄	镂金版四，方圆惟宜	左右佩系红香牛皮，饰金花纹	纯白	比常服佩帉稍短而宽	香牛皮束	明黄	缀银花纹佩囊，明黄色圆绦，饰以珊瑚。结、鞘、燧、杂佩，各惟其时
亲王/下达庶官、扈行者	—	版式惟宜	结佩惟宜	纯白	佩帉素布，比常服带帉微阔而短	香牛皮束	圆结	结佩惟宜

❶ 行带：清代帝巡幸各地及围猎等所系在袍外的腰带。

附录表6　清代“帉帨”图像资料收集

编号	图像资料	馆藏/出处	图片描述
1		故宫博物院	吉服带，清嘉庆，带长 192cm 此为清代皇帝穿龙袍时所系腰带，其式为明黄色丝织带，红色织金团龙缎衬里。带上饰镶珊瑚的方形带版四块，带版左右环上系湖色帉各一，火镰一、荷包四、牙签筒一、鞘刀一。其中丝质挂件以金银线及五彩丝线施绣，绣工精细;金质挂件上镶绿松石，工艺精美
2		故宫博物院	吉服带，清康熙，带长 184cm，帉长 75cm 带为明黄色丝毛织物，带勾与带版皆白玉质，带勾镂雕云龙蝠寿纹，带版镂雕庆（磬）福（蝠）有余（鱼）纹。两带环各垂白色素纺丝绸帉二，下直而齐。带环上拴挂饰件六：翠柄银胎缀珊瑚米珠单喜字鞘刀一，石青缎平金银福寿纹椭圆荷包二，红缎平金银夔龙纹腰圆荷包一，明黄缎平金银彩绣花卉纹腰圆荷包一，石青缎平金银彩绣庆寿喜字火镰一，荷包下垂饰红珊瑚及绿松石的明黄色丝绦。此为清代皇帝御吉服时所系之带，制作工艺及装饰手法繁复多样
3		故宫博物院	行服带，清康熙，带长 224 cm，帉长 65 cm 皇帝行服带。其式为明黄色带，高丽布佩帉，红香牛皮佩系中约。明黄色绦饰珊瑚、松石结，饰荷包四个，鞘刀一把，火镰盒一个。均为皇帝出行必随身携带之物。荷包以平金、辫绣、钉绫等针法绣制，针脚平齐细密，绣工精美，配色以金色银色为主，雅致华美，既实用又具有装饰性
4		故宫博物院	皇帝御用吉服带，长 166cm 此带为明黄色，上饰嵌红珊瑚的镂金圆版四块，带的挂环上系有内装觽象牙质筒一个、鞘刀一把、素白色帉两条、石青缎荷包两个，荷包均以明黄色丝绦拴系，上缀绿松石
5		故宫博物院	吉服带，清中期，长 131cm，宽 2.2cm，帉长 74cm。带丝质，金黄色面，红色团龙杂宝织金缎里。带上装白玉方版四具，其中第二和第四具玉方版下挂白玉环，环上系石青色缎绣福寿牡丹纹荷包一对，红色缎绣花卉荷包、红色缎绣云蝠双喜荷包和绛色缎绣夔龙蔓草纹荷包各一个，黄色缎绣云蝠花卉海水纹扳指套一个，象牙牙签筒一个，羚羊角鞘小刀一把，白色丝质帉两条。根据此带带表和绦带均为金黄色及帉下端直而齐等特征可知它是清代皇子、亲王、亲王世子或郡王使用

续表

编号	图像资料	馆藏/出处	图片描述
6		台北故宫博物院	清康熙，金嵌青金石龙纹方版朝带
7	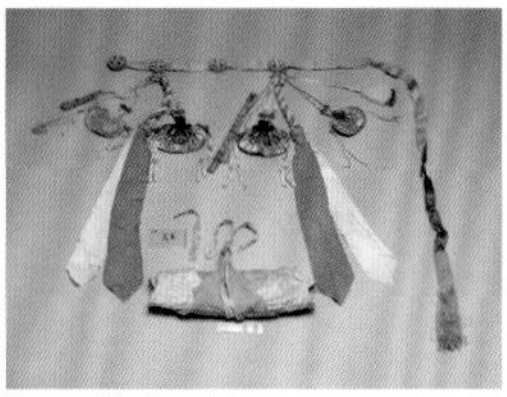	台北故宫博物院	金嵌宝石带头朝带
8		台北故宫博物院	皇帝大典礼御用朝带，长155cm 明黄绦，一端附流苏。金原版四，上嵌红宝石及珍珠。深、浅蓝佩帉，下广而锐，中约金累丝嵌红宝石珍珠球形结。彩绣及压金、银丝寿字、梅花、灵芝、水仙花荷包，各缀以松石结四。金嵌松石、孔雀石长方盒，内置象牙牙签及耳挖。黑漆嵌金箔、珊瑚、青金石、松石、孔雀石及红宝石刀鞘，内置玳瑁并嵌上述各类宝石柄小刀一把，柄首可开启，内置牙签、耳挖、镊子等工具
9	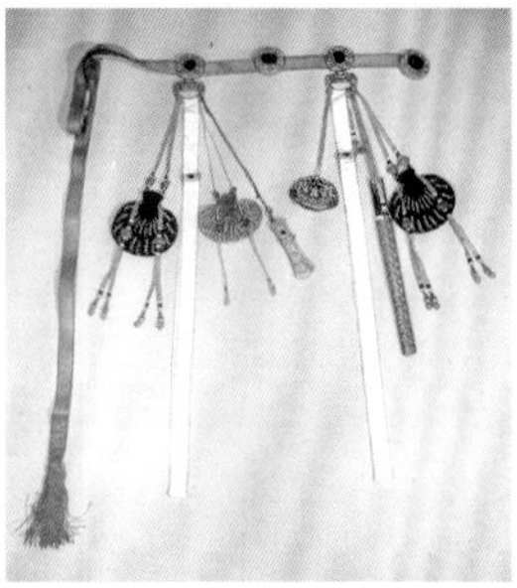	台北故宫博物院	皇帝吉服带，长175cm 明黄色，一端附流苏，镂金椭圆版四，上嵌蓝宝石、珍珠。镂金蝙蝠纹袢环二，上系：荷包三，其二为蓝地上以珍珠辑成满文，另一为黄地压金满文；压金蝠寿纹火镰盒；镀金嵌绿松石、红宝石牙签筒，内置牙质牙签一；镀金嵌松石、红宝石刀鞘；牛角刀柄；左右佩帉，中冠嵌宝石方结；另饰珍珠多组
10		大英博物馆	此为同治皇帝赐给查尔斯·戈登的朝带，从垂饰的两个橘红色荷包和尖角状素白帉来看，为一品官员用。其带饰三个铜镀金托镶白玉饰版，白玉中嵌红宝石

编号	图像资料	馆藏/出处	图片描述
11		内蒙古博物馆	清代王爷用吉服带（内蒙古锡盟阿巴嘎右翼旗郡王府遗物） 此黄缎带两侧，以红玛瑙带穿下，分别垂挂蝙蝠顶“忠”“孝”字铜牌，挂饰下各系两个石青缎绣“万事如意”字、祥云、蝙蝠、海水纹椭圆形荷包，另挂一鲨鱼皮鞘蒙古刀
12		故宫博物院	大红色缎绣暗八仙纹金箍镶红宝石彩帨，清，长110cm。清宫旧藏。彩帨以红绸做成，呈上窄下宽的狭长条形，上绣蝙蝠、暗八仙、寿桃、灵芝、寿山福海等图纹，色彩鲜艳。彩帨上端系于一蝠磬图青白玉上，上系黄色丝带，连缀浮雕龙纹红珊瑚扁珠。与彩帨同系蝠磬半圆玉环上的还有八组十六条挂坠，上系红珊瑚珠缉米珠。坠角各式各样，有红珊瑚、绿松石、金星石葫芦坠、碧玉挂坠、白玉仔料芭蕉叶形坠、白玉瓶形饰、红珊瑚花篮、红珊瑚点翠金箍蚌壳宝剑形饰、银箍红珊瑚阴阳板等，有暗八仙之意。彩帨上还有一金镂空梯形箍，嵌红宝石和翡翠。另黄带上还有金累丝托碧玺坠角二，并串有珍珠
13		故宫博物院	文物编号：故00251061 红色绸绣五谷丰登纹彩帨，长102cm 此彩帨双面均为绣五株稻禾和宫灯纹样，细部纹样有红蝠、盘长、绶带、如意、磬、如意云、双龙、灵芝、水仙等。另挂有点翠镀金金银钱和三串精巧的杂佩，明黄色宫绦应为皇太后、皇后、皇贵妃所用
14		故宫博物院	文物编号：故00249491 蓝色暗花纹缎彩帨

续表

编号	图像资料	馆藏/出处	图片描述
15		故宫博物院	文物编号：故 00271740 宝蓝色素缎彩帨
16		台北故宫博物院	蓝绸彩绣花蝶彩帨，长度 99cm 双面彩绣折枝菊花与蝴蝶，上面佩珐琅球式结。顶系黄色丝质挂钩，贯珊瑚珠、垂黄绦数条，其下缀青金石牙签筒一，内置牙签二；又缀青金石剑柄及鞘，以及深蓝色香包一，内置香料一块；其余黄绦缀珍珠
17		台北故宫博物院	缎压金银丝琴棋书画彩帨，长度 107.5cm 两面压金银丝线、棋盘、书画、画卷图案，上贯黑帝压金银丝云纹。顶系白玉双龙纹环，垂黄绦十条，其下缀牙签盒、火镰盒、蒲芦荷包、觽、剑等；另一黄绦贯穿入结，下坠红宝石一

续表

编号	图像资料	馆藏/出处	图片描述
18		台北故宫博物院	清绸彩绣万福双喜五谷丰登彩帨，长度 111cm 双面彩绣囍字、蝙蝠、稻禾、福山寿海、缨络。下坠各色穗十八，上贯穿长方形翠玉囍字长方式结一
19		台北故宫博物院	绢绣彩福蝶花卉彩帨（嘉庆四年八月十七日收宁寿宫交），长度 83cm 两面织磬、蝠、菊、月季、灵芝、蝴蝶，上贯镀金镂空菊纹长方式结，嵌孔雀石、珊瑚。顶饰珊瑚纽扣一，上系青玉佩以，佩上浅浮雕蝙蝠，桃宝二
20		台北故宫博物院	缂丝万福囍字五谷丰登彩帨，长度 98cm 两面织磬、蝠、囍、绶带、缨络、如意云头、稻禾、福山寿海

注 此列表中的图像资料部分在正文引用。

后记

本书是近两年围绕“蚡帨”个案研究成果的呈现，在即将付梓之际，心中不免感慨万千。在恒河沙数的服饰研究成果中，“蚡帨”研究是一次“见微知著”的尝试，它不但是民间服饰品，也是皇家装饰物，同时是不同民族文化交融的产物。

犹记初识“蚡帨”便被它吸引，虽是微乎其微的物件，但并非斗把箕扬，几乎是人们日常生活必备小物。在明清服饰研究中，“蚡帨”相关研究确是鲜见，屈指可数的资料一度滞碍研究步伐。因此，带着好奇和完整明清服饰体系研究的责任心，遍寻全国各大博物馆、服饰馆与民俗馆，力求清晰地将它的传播发展脉络厘清。在纷繁复杂的资料中做到措置裕如并不容易，悉力解决如何统一定名、界定相似物之间关系、明清“蚡帨”考释等问题，得以将“蚡帨”的研究展现在读者面前。

在众多的服饰传世品中，“蚡帨”存续之久、使用人群之广泛，顺应了所处时代背景，有着人赋予的精神筹码，研究服饰文化的核心是精神文化。“蚡帨”作为人类的精神世界物化载体，有着民俗文化与民族文化的象征符号意义，成为一个社会和时代的文化映射。它在社会传播和流行的过程中满足使用者的消费欲望，适应不同阶层审美心理需求。通过“蚡帨”个案的佩饰研究，以文化表征与社会现象去探寻传统佩饰文化内在动力和表现，将这些已经消逝的艺术、细腻的情感表达与民俗文化传承下去。

《中国传统佩饰·明清“蚡帨”研究》一书顺利完成，得益于团队多年来服饰文化研究工作的积累以及一以贯之的研究态度，本着以物证史，以史鉴物的理念，坚持从大处着眼，小处着手，将曾经与百姓切肤相关的艺术形式层层剖析，向读者细述中国传统服饰的精美，娓娓道来服饰背后的社会功能和文化属性，力求从全方位展示中华民族服饰文化。

服饰文化传承是对传统优秀思想文化的认同、传统审美意识及着装观念的重新解读，符合新时代人的审美需求。团队已经完成了民间服饰史论、代表性汉族地域服饰、典型性服饰品类研究以及不同地域服饰的比较研究，研究层层深入，研究方向逐步拓展，近年来陆续发表系列研究成果。2018年也是团队工作卓有成效的一年，完成了国家艺术基金海外传播项目，为传承与弘扬中华服饰文化尽绵薄之力。未来我们仍将永葆初心，投身在中华民族服饰文化研究中，将厚重的民族文化底蕴、情感共鸣传递下去，用丰硕的研究成果回馈社会大众！

书中使用的图片多来自各大博物馆实物、资料以及前人研究成果，由于写作仓促，恕不能一一征询意见敬请见谅！撰写过程中难免有所疏漏和不足之处，望业内同仁与读者不吝赐教！

在此，感谢江苏省非物质文化遗产研究基地对本书出版提供的经费支持！感谢江南大学设计学学科建设经费资助出版！感谢无锡工艺职业技术学院名师工作室给予的帮助！感谢在考察过程中提供资料支持的各界人士！

梁惠娥　李坤元

2019年3月